河西走廊
绿洲变化及绿洲效应

HEXI ZOULANG

LÜZHOU BIANHUA JI LÜZHOU XIAOYING

别强 著

中国环境出版集团·北京

图书在版编目（CIP）数据

河西走廊绿洲变化及绿洲效应 / 别强著 . —北京：
中国环境出版集团，2025.2
ISBN 978-7-5111-5603-7

Ⅰ.①河…　Ⅱ.①别…　Ⅲ.①河西走廊—绿洲—生态
环境—研究　Ⅳ.① X321.242

中国国家版本馆 CIP 数据核字（2023）第 170900 号

审图号：GS 京（2024）2710 号

责任编辑　张　佳
封面设计　光大印艺

出版发行	中国环境出版集团	
	（100062　北京市东城区广渠门内大街 16 号）	
	网　　　址：http：//www.cesp.com.cn.	
	电子邮箱：bjgl@cesp.com.cn.	
	联系电话：010-67112765（编辑管理部）	
	010-67175507（第六分社）	
	发行热线：010-67125803，010-67113405（传真）	
印　刷	北京中科印刷有限公司	
经　销	各地新华书店	
版　次	2025 年 2 月第 1 版	
印　次	2025 年 2 月第 1 次印刷	
开　本	787×1092　1/16	
印　张	11.75	
字　数	162 千字	
定　价	58.00 元	

中国环境出版集团郑重承诺：
中国环境出版集团合作的印刷单位、材料单位均具有中国环境标志产品认证。

作者简介

别强，副教授，男，理学博士，硕士生导师，兰州交通大学测绘与地理信息学院遥感系副主任，入选第三批天佑青年托举人才计划。

2009年本科毕业于兰州大学地理学基地班，2013年硕士毕业于兰州大学地图学与地理信息系统专业，2021年博士毕业于兰州大学地图学与地理信息系统专业。长期从事遥感与GIS基础理论、遥感信息提取、干旱区环境等方面的教学和研究。在 Science of total environment、Journal of Environmental Management、Land Degradation & Development、Ecosystem Health and Sustainability、Remote sensing、《地理学报》《遥感技术与应用》《中国沙漠》《干旱区资源与环境》等期刊发表同行评议学术论文30余篇；获批国家发明专利2项。

主持国家自然科学基金青年项目1项、甘肃省青年科技项目1项、教育部产学合作协同育人项目1项、兰州交通大学青年项目1项、兰州交通大学"天佑青年托举工程人才"项目1项、兰州交通大学教改项目1项。参与重点研发计划项目、国家自然科学基金3项；主持科技服务项目（横向）4项。

获得甘肃省高等教育教学成果二等奖，全国高校GIS技能大赛优秀指导老师，高教社杯全国大学生数学竞赛优秀指导老师，"航天宏图杯"PIE遥感与地理信息一体化软件二次开发大赛优秀指导老师。主讲本科生《遥感原理与应用》《数字图像处理》《高光谱遥感》《地理国情监测理论与技术》《遥感云计算》等课程，主讲研究生《高级遥感技术》课程。

前言

干旱区是陆地生态系统的重要组成部分，对全球变化的响应较其他区域更为敏感，生态系统的稳定性更差，景观格局和生态系统更容易受到日益加剧的人类活动和气候变化的影响。绿洲－荒漠系统的镶嵌格局是干旱区特有的景观，表现是荒漠为背景、绿洲为镶嵌。

绿洲效应由绿洲－荒漠系统物质能量流动形成，是以绿洲冷岛效应为主要特征的独特气候现象。研究绿洲效应的时空格局、影响因素和形成机制对理解干旱区气候变化和绿洲可持续发展具有重要意义。相较于备受关注的城市热岛效应研究，干旱区绿洲效应的分布特征、形成机制和生态效益是有待解决的科学问题。

本书以河西地区绿洲及周边荒漠为研究区，结合实地观测、遥感观测、遥感云计算和区域气候模式数值模拟方法，揭示干旱区绿洲效应在二维和三维空间的特征；基于数理统计和生物物理模型，定量分析反射率、波文比、地表通量等地表参数对绿洲冷岛效应的影响，构建形成冷岛效应的生物物理模型。

本书可为干旱区气候变化研究、干旱区绿洲的可持续发展研究以及绿洲农村和城镇建设规划提供理论依据。

在本书的成稿过程中，有幸得到了中国科学院西北生态环境资源研究院马绍休研究员、王世金研究员，兰州大学颉耀文教授、赵传燕教授，河南大学冯兆东教授的悉心指导与帮助。同时，兰州交通大学杨树文、张志华、李雪梅、何毅、韩惠、段焕娥、李小军、庞国锦、李轶鲲等老师提出了宝贵的修改意见。此外，本书的完成也得益于石莹、李欣璋、高鹏程等研究生的大力支持。在此，谨向他们表示诚挚的感谢。

本书的出版得到了国家自然科学基金（41930101、42101096）、甘肃省青年科技基金（21JR7RA341）和兰州交通大学青年科学基金的资助，兰州交通大学测绘与地理信息学院也为本书的出版给予了大力支持。最后感谢我的妻子强文丽女士和儿子别金磊的支持和鼓励。

别强

2022 年 9 月于兰州

目录

1 绪论

1.1　背景和意义

　　干旱半干旱区占全球陆地总面积的 41%，占中国陆地面积的 22%，而且其面积还在持续扩大 [1]。该区域水资源稀少，生态系统极其脆弱，对人为干扰十分敏感 [1-3]。20 世纪 70 年代以来，全球干旱区的面积扩大超过 2 倍，尤其是东亚、南亚、欧洲南部、非洲地区的干旱化在持续增加 [4]。干旱半干旱区是气温显著增加的地区，该区域对全球陆地变暖的贡献达到 44% [5,6]。我国干旱半干旱区的持续干旱化导致了当地水资源短缺、生态环境退化和荒漠化等环境问题，严重威胁了这些地区的生存环境 [7]。因此研究干旱半干旱区的气候特征有重要的理论价值和现实意义。

　　干旱半干旱区一般表现为荒漠是基质、绿洲为镶嵌的景观格局 [8]。荒漠和绿洲是对立统一的矛盾体。首先，绿洲和荒漠在土壤湿度条件、植被类型和分布、能量平衡和下垫面的生物群落方面是不同的，代表两个独立的生态系统。同时，绿洲和荒漠相互作用，大量的野外观测和数值模拟研究表明，绿洲和荒漠之间通过空气平流进行着水汽和热量交换 [1]。尽管绿洲面积小，但绿洲是干旱半干旱区居民赖以生存和发展的基础。在我国，绿洲面积仅占干旱区总面积的 5% 左右，却承载了 95% 以上的人口 [1]。同时绿洲又是一种极为脆弱的生态系统。在全球变暖及人口增长的压力下，绿洲正面临着巨大的考验，如何保护绿洲成为当前一个亟待解决的科学问题。

　　干旱区绿洲效应已经被气象观测和数值模式模拟证实，通常定义为由于绿洲中大量的蒸发蒸腾作用而引起的相对于周围环境的冷岛效应 [9]。绿洲和荒漠之间进行着物质和能量循环，来自绿洲的潮湿和较冷的空气向外进入沙漠，带入沙漠的水蒸气维持沙漠植被的生长 [10]，温暖、干燥的空气从沙漠地区上升并进入绿洲上空，形成了局部稳定的气候 [1]。绿洲效应的发生是由于绿洲上空存在大量的潜热通量，水在相变过程中蒸发吸收热量，使绿洲降温。总而言之，绿洲可以被描述为"凉爽湿润的岛屿"，而沙漠是"温暖干燥的海洋"。由于地理条件所限，绝大多数干旱区的气象站点分布在绿洲内部，塔里木盆地只有 2% 的气象站点分布在面积占比约 90% 的荒漠中[11]。由于绿洲效应降温作用的存在，气象站点观测到的气温低于该区域实际背景值，而且绿洲效应强度的变化直接影响了由观测得到的气温波动趋势[12]。因此，准确掌握绿洲的气候效应特征，有助于准确评估干旱半干旱区气候及其变化特征。

绿洲效应主要来自由绿洲和荒漠两种下垫面性质差异导致的反照率、太阳净辐射、能量通量、波文比、空气动力阻力等能量循环过程的差异[13-15]。而随着全球气候变化和人类活动的影响，地表的生物物理参数会发生巨大的改变，这些改变反馈到区域和全球气候变化中[16,17]。显然，理解绿洲效应产生的物质平衡和能量循环过程，建立绿洲效应形成的机制模型，对于预测未来绿洲－荒漠系统的气候变化有关键作用。

干旱半干旱区作为气候和生态系统的过渡带，是土地利用方式变化最为剧烈的地区[18]。在全球气候变暖和人类活动加剧的影响下，预计到 21 世纪末，干旱半干旱区将扩大到占全球陆地面积的 50%[19]。未来气候变化和人类活动影响下土地利用方式和绿洲格局将发生很大变化，进而导致下垫面生物物理参数（如反照率、波文比、蒸散发等）发生变化[20]，这些因子直接导致绿洲气候的变化。随着全球气候变化和政策调整，干旱区绿洲格局将发生巨大变化[21,22]，评估绿洲格局变化对绿洲效应的影响，可以为区域可持续发展提供有益的借鉴。

然而，在研究中必须回答以下问题：在过去的几十年中绿洲发生了怎样的变化？绿洲分布的制约条件和驱动力是什么？不同绿洲类型的绿洲效应是什么？不同绿洲格局的生物物理因素有何差异？这些差异如何影响绿洲的"绿洲效应"？其定量关系如何表达？

综上所述，本书旨在研究干旱半干旱区绿洲分布的格局变化、绿洲空间分布的限制条件和驱动因素，同时研究在绿洲－荒漠体系中绿洲效应的格局、过程和机制，为优化绿洲空间格局，促进绿洲生态保护和发展提供科学基础和决策依据。

1.2　自然地理概况

研究区位于河西走廊，地处我国西北部，属于典型的干旱半干旱内陆河流域。河西走廊东起乌鞘岭，西至甘新交界，南以祁连山—阿尔金山为界，北以断续的马鬃山、合黎山、龙首山为界的狭长的通道，东西长 1 120 km，南北宽 40～100 km，面积约 30 万 km² （图 1-1）。河西走廊是一个地理单元，而河西地区是行政单元，包括武威、张掖、酒泉、嘉峪关、金昌等地，地理单元和行政单元绝大部分面积是重合的，仅存在少量

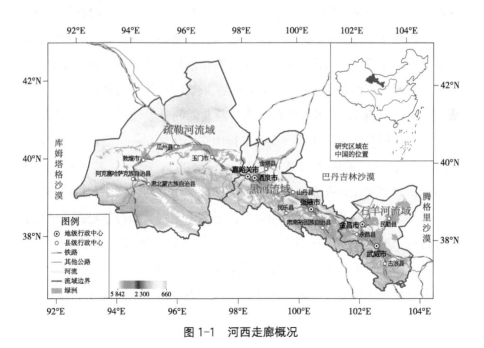

图 1-1　河西走廊概况

的差异，比如乌鞘岭以南的天祝藏族自治县部分地区行政上属于河西地区，在地理单元上不属于河西走廊。本书的主要研究对象是绿洲及其毗邻的沙漠，基本分布在走廊地区，因此，本书研究区为河西走廊，不作专门的区分。河西走廊深处内陆，地处三大高原（青藏高原、黄土高原、内蒙古高原）交汇处，地形地貌复杂多样，是国家"两屏三带"生态安全屏障的重要组成部分，在国家生态建设中具有重要战略地位。

1.2.1　地形地貌

河西地区是由河西走廊、祁连山、合黎山、龙首山和阿拉善高原组成的一个复杂的单元，分属南部北祁连槽背斜带、中部河西走廊边缘坳陷带、北部北山（合黎山、龙首山）断块带和阿拉善台块，包括祁连山褶皱带、走廊过渡带、北山褶皱带和阿拉善隆起区4个地质单元。河西走廊的风化物多以洪积的方式在出山口堆积，只有少量较大的河流能穿越走廊北山进入阿拉善高原，形成如民勤、金昌、金塔、花海等盆地和广阔的弱水冲积平原等。在历次造山运动中，在山前带形成了一系列串珠状洪积扇群。河西走廊由武威、永昌、山丹、张掖、酒泉等一系列盆地组成，海拔为1 000～1 500 m，表现出东南高、西北低的分异趋势。南部祁连山地是由祁连山褶皱断块组成的一系列平行山系，呈西北—东南走向，海拔为3 000～4 000 m。走廊北山海拔为1 500～2 500 m，多由一些中低山、残丘组成。北部阿拉善高原是风化物的堆积区和再分配区，流水作用相对微弱，以物理风化以及风蚀、风积为主，通过地表物质的再分配促成地貌的分异过程，地貌单元表现为广阔的戈壁和一望无际的沙海。河西走廊南部祁连山的冰雪融水是河西走廊绿洲的主要水源，河西走廊中部区域地势平坦，在有地表水和地下水出露的地方形成天然或人工绿洲，河流水在下游形成尾闾湖。

1.2.2　气候植被

河西走廊的气候属大陆性干旱气候，深居内陆，夏季的暖湿气流难以到达此地，同时印度季风所携带的大量水汽也因青藏高原的阻挡，不能到达河西走廊。因此河西走廊气候以干旱少雨、蒸发量大为主要特征，辅以气候干燥、太阳辐射强烈、昼夜温差大。冬季气候受蒙古—西伯利亚高压控制，盛行干冷的冬季风。河西走廊水热分异明显，在水平结构上，年平均气温、地表温度、干燥度、降水变率表现为从南向北、从东向西增加，年平均降水量、空气湿度的变化呈相反的趋势。在垂直结构上，由于河西走廊高差显著，气候垂直差异大，高山区受太平洋和印度洋暖湿气流的影响，降水量为 400~700 mm，年径流深为 100~150 mm，山区由于低温高寒，部分降水以冰雪固体形式储存起来；平原地区的降水量急剧减少，如河西走廊东段山区的冷龙岭的年降水量高达 700 mm，西段的阿尔金山主脉降水量约 300 mm，其下游平原区的敦煌绿洲不足 50 mm；走廊区为干旱气候，多年平均降水量为 50~200 mm，年潜在蒸发量为 1 500~2 500 mm，年径流深只有 5 mm；北山山地为干旱荒漠气候，多年平均降水量为 30~100 mm [23]。

河西走廊植被：山区以阴生、湿生、寒生、寒旱生、中生植物为主，平原区以旱中生、旱生及超旱生植物为主。本地区植被类型受气候、土壤、水文和地形等自然条件的制约和影响，呈现以经向地带、纬向地带及山地垂直带构成"三维空间"的分布格局。

河西走廊土壤类型的分布受经向地带性和垂直地带性的影响显著，有明显的分异作用。从土壤垂直带谱看，山地土壤基带从东到西，从南到北是不同的，它们是灰钙土—灰漠土—灰棕漠土。平原区土壤地带性分异也较明显，以温带荒漠灰棕漠土为主；非地带性土壤有草甸土、沼泽土以及绿洲灌溉土等。

1.2.3　河流水系

河西走廊的河流均为内陆河，发源于南部祁连山区，向北流，最终形成尾闾湖或消失于沙漠。祁连山冰川是河西走廊的生命线，是石羊河、黑河和疏勒河三大水系56条内陆河流的发源地，以每年75亿 m^3 的水资源补充支撑着河西及黑河下游内蒙古西部地区经济社会的可持续发展。根据2014年发布的中国第二次冰川编目初步估算的结果，祁连山区冰川储量折合成水的储水量为523.3亿 m^3，相当于年出山径流总量的7.5倍左右。祁连山冰雪融水丰富，灌溉农业发达，因此河西走廊是西北地区最主要的商品粮食基地和经济作物集中产地。

1.2.3.1　石羊河水系

石羊河水系位于走廊东段，南面祁连山前山地区为黄土梁峁地貌及山麓洪积冲积扇，北部以沙砾荒漠为主，并有剥蚀石质山地和残丘。东部为腾格里沙漠，中部是武威盆地。石羊河由发源于祁连山东段的支流在武威盆地汇流组成，自西向东为西大河、东大河、西营河、金塔河、杂木河、黄羊河、古浪河及大靖河8条山水河流及浅山区小沟河流，多年平均径流量为15.8亿 m^3，河流补给为山区降水和冰川融水。石羊河长300 km，集水面积1.1万 km^2。河流出山后，经古浪、武威、永昌，穿越平原后过红崖山峡口进入民勤盆地，至青土湖消失于沙漠。

1.2.3.2　黑河水系

黑河位于河西走廊中部，是河西走廊最大内陆河，其水系发源于祁连南山，东起金摇岭，西至托来山西段。黑河干流在莺落峡出山后，流入走廊的张掖盆地，经临泽、高台进入正义峡，下游经鼎新盆地向北流入内蒙

古称弱水，最终汇入居延海。河流全长 810 km，沿岸大部分为砾质荒漠
和沙砾质荒漠，北缘多沙丘分布。唯张掖甘州、临泽、高台之间及酒泉一
带形成大面积绿洲，是河西重要农业区。沿黑河形成大面积季节性河流湿
地，但由于持续开垦，湿地面积呈多年减少的趋势。2000—2013 年湿地总
面积减少约 1.4 万 hm²，2000—2008 年湿地变化最为剧烈，面积减少较为
明显。但由于张掖黑河湿地国家级自然保护区的成立，2008 年以后湿地减
少的趋势有所缓和，减少幅度有所降低。

1.2.3.3　疏勒河水系

疏勒河水系位于走廊西端。疏勒河水系东部的昌马河、白杨河、石
油河、踏实河，年径流量仅 10 亿 m³。踏实河位于昌马洪积扇西缘，经玉
门—踏实盆地向南至桥子，余水呈泉流进入疏勒河下游的双塔堡水库；白
杨河和石油河不汇入疏勒河干流，自成水系。石油河经赤金峡，余水北流
入花海子盆地。疏勒河水系南有阿尔金山东段、祁连山西段的高山，山前
有一列近东西走向的剥蚀石质低山（三危山、蘑菇台山等），北有马鬃山。
疏勒河下游为盐碱滩，中游有绿洲，绿洲外围有面积较广的戈壁，间有沙
丘分布。

1.3　社会经济概况

1.3.1　人口

根据《甘肃发展年鉴 2018》数据，2017 年河西 5 个市总人数为 489.72 万
人，其中城镇人口 252.71 万人，城镇化率为 51.6%。2017 年河西 5 市人口
分布及构成情况见表 1-1。

表 1-1　2017 年河西 5 市人口分布及构成

地区	年末常住人口 /万人	城镇人口		乡村人口	
		人口数 / 万人	比重 /%	人口数 / 万人	比重 /%
嘉峪关市	24.98	23.34	93.45	1.64	6.55
金昌市	46.92	32.89	70.09	14.03	29.91
武威市	182.53	72.51	39.72	100.02	60.28
张掖市	122.93	56.25	45.76	66.68	54.24
酒泉市	112.36	67.72	60.27	44.64	39.73
总计	489.72	252.71	51.6	237.01	48.4

注：数据来源于《甘肃发展年鉴 2018》。

1.3.2　国民经济

2017 年，河西 5 市共实现生产总值 1 790.53 亿元，其中第一产业增加值 260.75 亿元，第二产业增加值 638.33 亿元，第三产业增加值 891.44 亿元。2017 年河西 5 市国民经济统计见表 1-2。

表 1-2　2017 年河西 5 市国民经济统计

地区	生产总值 / 亿元	第一产业 / 亿元	第二产业 / 亿元	第三产业 / 亿元
嘉峪关市	209.87	3.57	109.42	96.87
金昌市	221.49	16.52	112.88	92.09
张掖市	376.96	73.14	97.45	206.37
武威市	430.44	102.76	127.95	199.73
酒泉市	551.77	64.76	190.63	296.38
总 计	1 790.53	260.75	638.33	891.44

注：数据来源于《甘肃发展年鉴 2018》。

2

河西绿洲概况

2.1　干旱区定义

干旱区是陆地的重要组成部分，降水稀少、可利用水资源短缺、生态环境脆弱易受破坏，对全球变化的响应十分敏感。全球变暖是全球气候变化的主要表现，干旱半干旱区对全球陆地变暖贡献为 44%，是近百年来增温最为显著的地区 [24]。

干旱区的划分主要有两种标准。第一种划分方法是利用年平均降水量（Annual Average Precipitation）。例如，汤懋苍等根据美国国家环境预报中心（NECP）降水资料，以平均年降水量小于 250 mm 作为干旱区的标准，将全球划分为副热带旱区、亚洲内陆旱区和其他小块旱区 [25]。副热带旱区主要分布在北非撒哈拉穿过阿拉伯半岛到印度的塔尔沙漠以及南美、北美、南非和澳大利亚西部共 5 块；亚洲内陆干旱区由于距离海洋遥远，空气水分低，范围为从里海向东到我国内蒙古中部。其他小块旱区包括我国羌塘高原、东非索马里沿海、美国内华达州、南美厄瓜多尔等。有学者以 1961—1990 年平均降水量小于 200 mm 为标准，将全球划分为南美、北美、北非、南非、中亚、中国西北和澳大利亚七大旱区。区域的干湿状况不仅取决于当地降水量，还受水分支出—蒸散发的影响。潜在蒸散发（Potential Evapotranspiration）是指在水分充足的条件下，当地最大的水分蒸散发。因此经典的干旱区划分综合了降水和蒸发。

第二种旱区划分方法采用干旱指数（Aridity Index，AI），并将其定义为年降水量与潜在蒸发量的比值。根据联合国环境规划署（UNEP）[26] 的定义，干旱区根据 AI 大小分为 4 个类型：0.5＜AI＜0.65 为半干旱半湿润区，0.2＜AI＜0.5 为半干旱区，0.05＜AI＜0.2 为干旱区，AI＜0.05 为极端干旱区。Hulme 将全球干旱区划分为美国西南、北非、撒哈拉、南非、西南亚、中东亚、澳大利亚、非洲之角和巴塔哥尼亚 9 个区域 [27]。这种划分方法对非洲（北非、撒哈拉和非洲之角）划分过细，而对亚洲的划分和实际相符性不大，因此我国学者钱正安等在此基础上将干旱区划分为八大干旱区，分别为中蒙、中亚、西南亚、美国中西部、南美、北非、非洲南部和澳大利亚[28]。钱正安等认为 Hulme 等的划分中，将北非干旱区一分为三，将中亚及西南亚两干旱区合二为一不妥当，因此进行了改善，同时将中国西北干旱区和蒙古干旱区统一称为"中蒙干旱区"。

2.2　绿洲的定义

绿洲是干旱区的景观之一，其英文名称"Oasis"起源于希腊语，是指在干旱区环境中可以提供吃和喝的地方，引申为荒漠中能够进行生产和居住的地方。

不同的学者和研究机构对绿洲的定义不尽相同：《辞海》将其定义为荒漠中水草丰美、树木孳生、宜于人居的地方。《简明不列颠百科全书》将其定义为沙漠中常年有水滋养的沃土，规模大小不一，水源大多来自河流、地下水等补给。《地学大辞典》将其定义为荒漠中地下水源丰富可供灌溉、土壤肥沃的地方，又称沃洲，分布在井、泉附近，水源供给的山麓地带，大河沿线或有水源出露的洪积扇边缘地带。它呈条带状、散点状分布，面积大小不一，绿洲上植物生长很好，与周围戈壁、沙漠景观不一样，好像沙漠中的绿色岛屿，故得名。绿洲经长期开发，成为干旱半干旱区社会经济活动的主要场地。

国内学者从地理学、经济学、生态学、景观学、气候学等不同角度对绿洲进行了描述和界定。不同学者对绿洲的描述尽管有差异，但均包括以下几个方面：

（1）绿洲是干旱区的组成部分，和荒漠为镶嵌结构，是一种中小尺度的非地带性景观，存在于干旱半干旱区的荒漠背景中。

（2）稳定的水资源保证是绿洲发育的必要条件，适宜的气候、土壤、水分、生物资源组合是绿洲发展的基础。

（3）茂密的植被或频繁的人类活动是绿洲和其荒漠背景最明显的区分。

（4）绿洲生态系统具有较高的承载能力，为人类提供了较为理想的生产空间。人类可以在绿洲上创造精神和物质文明。

根据对绿洲的深入研究，我们认为绿洲是在干旱半干旱区有稳定水资源涵养的适宜人类生存和植被生长的非地带性地理景观，为植被生长和人类活动提供必需的物质基础，是干旱半干旱区的精华，同时也是生态环境最敏感和脆弱的区域。主要有以下3个特征：

一是荒漠背景。这是绿洲存在的大环境，脱离此条件则不能称为绿洲。荒漠是绿洲这一小尺度地理景观存在的大尺度背景。

二是稳定水源。绿洲在干旱背景下存在的必要条件是充足的水分保证，稳定的地表径流、埋深较浅的地下水，或者人工的引水设施是绿洲水资源的来源。

三是生机活力。绿洲的生机和活力表现在两个方面：①植被茂盛，植被构成绿洲的主体，也是其区别于周围环境的最大特征，茂盛的植被是绿洲高生产力的标志；②人类活动频繁，绿洲具备基本的生存条件，可供人类生产生活，随着现代军工业绿洲的出现，植被茂盛不能作为绿洲判断的唯一条件。因此生机和活力是绿洲的必备条件。

河西走廊绿洲处于我国西北干旱区，南依祁连山，是绿洲水源的主要发源地。绿洲发展所依存的水源通过河道径流或者地下水出露，自然绿洲和人工绿洲分布于水源周边。越远离水源补给，植被状况越差。进入绿洲—荒漠交错带，往外围延伸则为荒漠戈壁。河西走廊绿洲-荒漠系统结构如图2-1所示。

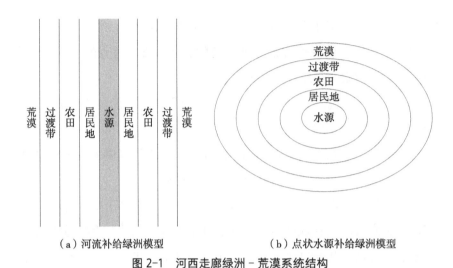

（a）河流补给绿洲模型　　　　　　　（b）点状水源补给绿洲模型

图 2-1　河西走廊绿洲 – 荒漠系统结构

2.3　绿洲的分类

　　为了研究和表述方便，学者根据不同的研究目的，按气候成因、绿洲存在的历史、人类活动的干预程度、绿洲所处的微地形、绿洲的规模、绿洲的分布以及经济主导产业等标准，将绿洲划分为不同的类别。

　　按照气候成因，绿洲可以分为热带—亚热带绿洲和温带绿洲[29]。热带—亚热带绿洲大致呈条带状分布在南北回归线上，这一地区受副热带高压控制，下沉气团因绝热增温，空气水分很少，下沉气流不利于形成降雨。温带绿洲主要分布在亚洲和北美洲内陆北纬 30°～50°，其形成原因是远离海洋，水分不能输送到腹地，或因海岸山丘背风坡的雨影效应，从而发育了大面积的内陆沙漠，同时也伴生了温带绿洲。

　　按照人类活动的干预程度，绿洲可以分为天然绿洲、人工绿洲和半人工绿洲。天然绿洲是指不受人类影响或影响很小的绿洲，林地、草地、湿地等属于天然绿洲。人工绿洲指采用人工开垦、建设、引水等措施，在原来荒漠上形成的绿洲，主要由耕地、园地、人工林、人工草场、工矿用地等组成，如由工业布局形成的嘉峪关绿洲。半人工绿洲是在原天然绿洲上，经人工开发形成的绿洲，目前大多数垦殖绿洲属于此类。

按照演变的时间序列，绿洲可以分为古绿洲、老绿洲、新绿洲[29]。古绿洲指现在已经废弃，但历史上存在的绿洲。古绿洲是古文明的承载地，其衰退也是人类活动、气候变化等多方面因素共同作用的结果，如楼兰遗址、尼雅遗址等。老绿洲一般指中华人民共和国成立前已经形成或开垦的绿洲，河西走廊一大部分绿洲为此类。新绿洲指的是新近开发的绿洲，一般概括地指中华人民共和国成立后开发的绿洲。也有学者根据明确的时间，将不同时期形成的绿洲称为新、老绿洲，河西走廊绿洲从 20 世纪 80 年代到现在扩张了 50%[30]，这部分属于新绿洲。

按照所处的微地形，绿洲可以分为盆地绿洲、扇缘绿洲、湖滨河滨绿洲等。

按照规模，绿洲可以分为大型绿洲、中型绿洲和小型绿洲。不同绿洲的面积大小不等，相差悬殊。大型绿洲一般指面积大于 100 km² 的绿洲，可形成绿洲城市，如和田绿洲、敦煌绿洲、张掖绿洲等。中型绿洲指面积为 10～100 km² 的绿洲，如民勤绿洲。小型绿洲指面积小于 10 km² 的绿洲，这些绿洲多呈散点状分布。

按照分布的形态，绿洲可以分为带状绿洲和散点状绿洲。带状绿洲指在荒漠盆地周围山麓分布的山麓绿洲带和沿荒漠河流分布的沿河绿洲带。例如，新疆的天山北麓绿洲带、塔里木河绿洲，河西走廊的石羊河绿洲、黑河绿洲等。散点状绿洲是指由孤立的小规模的泉、井、湖泊等形成的规模较小的绿洲，如在腾格里沙漠或巴丹吉林沙漠腹地的绿洲，比较知名的有敦煌的月牙泉。

按照主导产业，绿洲可以分为农业绿洲、牧业绿洲和工业绿洲。农业绿洲以农业生产为主，水分条件充足，人口密度较高，开发时间悠久，此类绿洲是绿洲中的主体。牧业绿洲是以畜牧业为主导的绿洲，比如额济纳绿洲。工业绿洲是以工业生产等为主的绿洲。绿洲发生重大变化的根本原因是荒漠地区水资源利用方向变化，农牧业绿洲是人们对天然绿洲的利用开发，随着工业发展和军事需要，人们在干旱半干旱区对水资源的利用不再局限于农牧业，逐渐将水资源用于工业生产、军事建设、航天试验，形成了以工业生产、能源开发和科学试验为主的人工绿洲，如克拉玛依市、酒泉卫星发射中心、嘉峪关市等。

我国绿洲主要分布在甘肃的河西走廊、新疆的塔里木盆地和准噶尔盆地、宁夏平原和内蒙古河套平原。本书的研究对象是分布在河西走廊的绿洲，面积约 1.5 万 km²。在过去的 30 多年中，绿洲面积发生了强烈的变化，既有扩张也有萎缩，整体上以强烈扩张为主。

2.4 绿洲学的提出

中国科学院地理科学与资源研究所黄盛璋研究员率先提出，应该在国际上提出绿洲学，将绿洲的研究提升到和荒漠、冰川研究相当的位置[31, 32]，促进世界和中国绿洲研究，为其他绿洲国家或地区提供参考和借鉴，将绿洲学发展为世界科学。

2.4.1 绿洲和荒漠的关系认识

绿洲和荒漠是对立又统一的复合体，是在干旱半干旱区自然条件下形成的特有的地理区域。人类对绿洲的开发利用，以及人类与威胁绿洲的自然灾害的斗争是支配绿洲存在和发展的两条规律。除少数天然绿洲外，绝大部分绿洲是人类对荒漠地的开辟，而后不断开发成为人类活动的基地。干旱区稳定的人类活动都集中在绿洲之上，这是绿洲特殊的地理环境决定的。绿洲始终处于恶劣的自然环境中，与荒漠伴生，所处环境干旱、生态脆弱，时刻经受着风、沙、旱、盐碱化等侵害。①沙是对绿洲最大的威胁，流动沙丘、扬尘、沙尘暴等不断地使绿洲沙化。②风对绿洲的危害。干旱区植被覆盖度低、土壤含水率低，在风的作用下表面有机质很难积累。③土壤盐碱化对绿洲的危害。绿洲农业依靠灌溉，而没有出口排盐碱，会使农田不断盐碱化，最终成为不毛之地。人类在利用沙漠的同时，也不断地在同自然灾害作斗争，而且这种斗争不能一劳永逸，始终贯穿整个绿洲的开发利用过程。对绿洲的利用和对自然灾害的斗争既对立又统一，共同支配着干旱区以自然条件为基础、以人类活动为主导的绿洲的存在和发展。

2.4.2　对绿洲研究的重视程度不够

绿洲是干旱半干旱区人类主要活动场所，与人类的生活、生产紧密联系在一起，与人类文明息息相关、存亡与共。从人类角度出发，绿洲和人类活动的关系更为密切，相对而言，荒漠属于次位。但是目前对绿洲的研究，无论是从深度还是从广度来说都不及荒漠受到重视。荒漠的研究目的是防止荒漠化、保护绿洲，因此需要把绿洲作为研究的主体，分门别类研究绿洲的形成及发展历史、绿洲演变的驱动力、绿洲的生态效应、绿洲的气候效应和绿洲与荒漠的关系，而不是将绿洲研究附属于荒漠研究或者地理、生态研究。对绿洲研究的不充分和不深入，和绿洲对于干旱区的重要生态地位以及绿洲对于人类生存的价值是不相适应的，主要有以下原因。

第一，世界上拥有绿洲的国家大部分为发展中国家。中亚、非洲、南美等地区的国家所拥有的绿洲占世界绿洲面积的90%以上。另外，绿洲地区地处荒漠，与平原地区相比经济较为落后，科技水平较低。这些国家和地区以发展生产、维持生存为首要任务，无暇投入绿洲研究。

第二，绿洲为利、荒漠为患，研究急切程度不同。荒漠化严重威胁人类生存，对其研究迫在眉睫，对荒漠化的防治是世界和各国最急迫的研究任务之一。相反，绿洲造福人类，对人类的威胁较小，所以对绿洲的研究相较荒漠研究要少。

第三，绿洲研究与荒漠研究的侧重点不同，导致学者对两者研究的重视程度不同。荒漠研究的主要任务是防止沙漠化对人类的侵害，而不是荒漠全体。绿洲是自然和人文要素的综合，相比荒漠研究，绿洲研究包含的内容多样，也被其他学科（如地理学、生态学、经济学等）涵盖。

2.4.3　我国在绿洲研究领域的积累

我国的绿洲主要分布在西北地区，具体分布在新疆天山南北地区、甘肃河西走廊地区和青海柴达木盆地。新疆和河西走廊绿洲的分布特征、开发治理等方面的研究具有代表性。我国西北地区的绿洲地处干旱区，是各族人民长期改造利用、生息劳动的根据地。进入 21 世纪，随着西部大开发战略的实施，西北地区成为我国重点建设地区之一，建设区域基本全部落实在绿洲，所有的农业生产、城镇化建设和绝大部分的工业生产，都在绿洲上进行。过去，绿洲是干旱区人类生活和生产的根据地，现在和今后也同样是主要的建设对象。尽管绿洲所占面积很小，但是绿洲在干旱区的重要地位永远不会改变。我国绿洲开发和利用历史悠久，在绿洲研究领域也积累了很多经验，目前主要集中在以下 4 个方面。

①绿洲历史时期的变迁。我国西北地区的开发历史就是绿洲的开发史，绿洲的开发史也就是干旱区人类的活动史。绿洲的研究不同于荒漠，荒漠很少有人类活动的扰动，而绿洲伴随着人类开发活动，同时也是人类文明演变的发生地。绿洲的起源、发展、消亡是历史地理的研究对象，也是考古学的研究对象。黄盛璋等学者数次考察绿洲，认识到绿洲发展的普遍原理是以自然条件为基础，以人类活动为主导。同时认为，楼兰古绿洲废弃的原因不是美国地理学家提出的中亚气候变干，而是因为人类活

动导致河道变迁、水源缺乏、无法维持绿洲的生存[31,33,34]。西北师范大学李并成研究员通过文献考证的方法对尼雅古绿洲废弃的时代和成因进行了分析，认为尼雅古绿洲废弃的年代在东晋十六国时期，具体时间在公元336—382 年。气候变干、上游尼雅河水流量减少且在风沙的自然因素背景下，人类开垦、放牧超过了自然的承载能力、破坏了生态平衡，加之大规模战乱，导致了尼雅古绿洲的消亡[35]。

②绿洲的现代变化过程和景观格局研究。遥感科学技术和地理信息系统技术的发展和普及，使得大范围、高精度、长时间序列地提取绿洲分布成为可能。大量研究集中在 1980 年以来在陆地卫星（Landsat）数据支撑下的绿洲的空间范围变化和景观格局特征[30,36-40]。也有研究通过加入20 世纪 60 年代的 Keyhole 卫星数据、20 世纪 70 年代的 Landsat MSS 传感器数据和 20 世纪 80 年代的 KATE 传感器数据，将研究的时间序列前推至20 世纪 60 年代，而且能够保证 5～10 年的监测频率[41-43]。绿洲的扩张和收缩不仅会影响绿洲的大小、形状和连通程度，而且也会影响绿洲的稳定性和可持续性[43]。反映景观形状、分布、破碎化和空间关系特征的指标主要包括形状指数、面积加权斑块分形维数、分区指数和破碎化指数等，大部分研究中的景观指数的计算是基于景观格局计算软件——Fragstats 得到的，这也为结果的相互比较提供了便利[44]。罗格平等人研究了新疆绿洲景观斑块尺度的稳定性，认为绿洲斑块的景观控制力是景观动态变化的自然驱动力，控制力最强的斑块类型是景观的基质[45]。

③绿洲水资源研究。干旱区的水资源稀少，对生态系统的维持和社会经济发展至关重要。内陆河流域的干旱区，水资源主要源于降水和上游山区冰川、积雪融化，主要消耗于山前平原绿洲的农业生产和人类经济社会活动，最后未被消耗的水资源会被释放到下游，注入分散的下游尾闾湖[46]。干旱区绿洲的降水稀少，对产流没有显著的意义，地表水和地下水是干旱区支撑生态系统和社会经济活动的主要水源[46]。随着干旱区人口的快速增长，地表水和地下水用于中上游农田灌溉的量增加，而没有充分考虑生态

需水，导致大多数的干旱区流域，尤其是下游地区水环境和生态系统严重恶化。目前，我国在河西走廊绿洲的石羊河流域[47]、黑河流域[48,49]、疏勒河流域[50]、新疆绿洲的塔里木河流域、玛纳斯河流域[51]、开都—孔雀河流域[52]展开了大量的研究。干旱区绿洲水资源研究可以分为以下两个方面。

第一是研究绿洲分布和水资源（包括降水、地表径流和地下水）的空间分布关系。干旱区植被覆盖与降水的关系一直是生态水文研究的一个重要课题。植被决定了生态系统的组成和结构，还确保了干旱地区生态系统的稳定，保护人类免受荒漠化。同时，植被的生存和生长直接依赖于水的有效性[53]。干旱地区降水空间分布一般不均匀[53]，这导致自然水资源的空间异质性显著。由于流域尺度上水的流动和再分配需要时间，因此降水和植物获得的水之间存在时空相位差，在分析干旱区植被动态时，应考虑降水影响的空间分布和前期积累[52]。

第二是定量研究干旱区绿洲的水量平衡。水资源对内陆盆地绿洲的生存和发展至关重要。因此，了解如何合理地分配和使用这些资源，对于实现可持续发展至关重要。有学者对不同耗水格局做了系统动态模拟，探讨了3种情景下敦煌绿洲耗水格局的变化，评价区域水资源规划（敦煌流域水资源合理利用和生态系统服务功能保护综合规划）对敦煌绿洲内耗水格局的影响[50]。情景1是维持现状的基线；情景2将农业节水灌溉措施的综合效果与跨流域调水工程结合；情景3侧重于生态修复。在情景1中，敦煌绿洲的总耗水量逐步增加，但农业耗水量仍然极高，对整体生态安全构成威胁。相比之下，情景2在实施节水措施后，农业用水量减少，从跨流域调水项目调拨的额外供水在减轻绿洲的生态压力方面发挥重要作用。在情景3中，假设用于恢复生态系统的供水量至少为总耗水量的50%，到2025年，必须要减少灌溉面积。因此，虽然水资源规划对于缓解绿洲内部的生态水危机具有非常重要的作用，但在当前的用水格局下，考虑人工绿洲适宜的规模是必要的。随着人工绿洲的扩大，地下水成了干旱区绿洲发展的重要水资源，理解近几十年来土地利用变化和地下水位的变化对水资源管理和绿洲规划有重要的意义。20世纪80年代以来，临泽绿洲地下水位在持续下降，与此同时，农田和建筑面积扩大了很多，分别为50%和30%[54]。敦煌绿洲也经历了相似的过程，1987—2007年，农用地面积急剧增加，尤其是经济作物的面积扩大很多，经济作物耗水量由原来的14%上升到71%，农业用水的增加是地下水位剧烈下降的原因[55]。

④绿洲的生态保护和风险评价。20世纪50年代以来，随着人口数量的持续增加和工农业生产的不断发展，绿洲的生态环境遭到了破坏，人类活动对该区域水、土、气、生等环境造成了巨大的破坏。具体表现为地下水位下降形成地下漏斗，水矿化度升高，土地荒漠化、盐碱化加重，人工植被和天然植被退化严重，部分地区居民不得不背井离乡。研究表明，民勤上游来水量由20世纪50年代的4.5亿m^3减少到20世纪90年代的0.89亿m^3；地下水位也因过度开采加之地表水渗漏减少，从20世纪50年代的1.5 m左右下降至20世纪80年代的5 m，到20世纪90年代的16.4 m；地下水的矿化度从20世纪50年代的2 g/L翻倍到20世纪90年代的4 g/L；20世纪90年代90%的河岸林得不到水源滋养而枯死，灌木、半灌木等植被减少，植被种类多样性减少；植被群落由湿生系列向旱生系列发展，形成了以白刺沙包为主的群落景观；土地的沙质沙漠化是土壤退化的主要表现形式，绿洲土地被巴丹吉林沙漠和腾格里沙漠沙质土地合围；土壤盐碱化是土壤退化的另一种表现形式，随着地表淡水补给的减少，土壤中的盐分不能被冲洗，造成地表含盐量增加[56-58]。民勤绿洲的生态问题，是干旱区绿洲生态恶化的代表和典型问题，在持续无序的绿洲开发下，绿洲终将变成荒漠。20世纪90年代，人们认识到了绿洲保护的重要价值，一系列生态工程和措施实施，改善了生态恶化的局面。在连续两期石羊河流域综合治理工程（增加地表水供应、减少地下水开采等辅助措施）的实施下，民勤绿洲的地下水得以恢复[57]。

2.5　河西走廊绿洲范围

河西走廊从西到东可分为 3 个独立的内陆河流域盆地：敦煌、瓜州、玉门平原属疏勒河水系；酒泉、金塔、高台、临泽、山丹、民乐、张掖平原属黑河水系；永昌、金川、古浪、民勤、武威平原属石羊河水系。根据河西走廊的水系以及绿洲分布情况，将整个绿洲分为 3 个子区域：疏勒河流域、黑河流域、石羊河流域，分别研究各流域的绿洲变化过程及区域差异。

3

绿洲历史演变

3.1 绿洲变化研究进展

随着社会的发展和科学技术的进步，人类对绿洲的开发和利用强度在不断增加，绿洲面积整体上在持续不断地扩张。在对绿洲进行开发、利用、保护的同时，也引发了大量的生态问题，如水资源短缺、荒漠化、土壤盐碱化、地下水位下降等。一系列生态问题关系到全国的生态安全，而且也直接威胁到当地居民的生存，因此引起了广泛关注。如何合理、高效地开发利用资源、保护和管理绿洲，使绿洲发展具有可持续性，是目前亟待解决的问题。目前，学者从考古学、地理学、水文学、生态学和经济学角度，对绿洲变化进行研究，主要包括以下几个方面：

（1）绿洲的空间分布、功能结构和形成机制；

（2）绿洲土地利用/覆被变化（LUCC）、变化驱动力及生态效应研究；

（3）绿洲承载力和绿洲适宜规模研究；

（4）绿洲生态需水和水资源利用、调度研究；

（5）绿洲生态服务价值、生态经济和保护研究；

（6）绿洲气候效应和绿洲—荒漠相互作用机制研究。

从文献计量学的角度，以"绿洲变化"为关键词在中国知网（CNKI）数据库，并以"Oasis"或"Oases"为关键词在科学引文索引扩展版（SCIE）数据库分别进行搜索。CNKI 数据库代表了国内的研究情况，SCIE 数据库收录全球优秀的科技期刊，具有国际视野，所收录的论文一定程度上反映了国际上科学研究的前沿。从研究论文数量来看，20 世纪 80 年代以前，无论是 CNKI 数据库还是 SCIE 数据库，每年收录的论文均为个位数。从 20 世纪 80 年代到 21 世纪初，论文数量呈直线型上升，每年增长均为 30 篇左右，大约到 2010 年，以绿洲为主题的论文数量基本稳定，每个数据库每年大约 600 篇。

3.1.1　国外研究进展

1973 年 1 月，联合国成立了全球环境权威机构——联合国环境规划署，旨在制定全球环境议程，在联合国系统内促进环境层面的可持续发展，通过激励、宣传和帮助各国和人民在不损害子孙后代生存权利的前提下改善他们的生活质量。1977 年，联合国在内罗毕召开了世界荒漠化问题会议，推动全球性的干旱区研究，在干旱区绿洲景观和荒漠化过程研究方面开展了大量的工作。19 世纪 80 年代，国际科学联盟理事会发起和组织了国际地圈—生物圈计划，该计划为全球提供科学领导和地球系统的知识，帮助和引导世界在全球变化中走上可持续发展的道路，为干旱区荒漠化和绿洲化提供强大的科学支撑。1992 年，在巴西里约热内卢召开的联合国环境与发展大会将绿洲荒漠化问题列为最重要的优先采取行动的领域，引起各界的广泛关注。2015 年 9 月，《2030 年可持续发展议程》将防治荒漠化列为重要的可持续发展目标（Sustainable Development Goals，SDGs）之一。在联合国、国际组织以及各国学者的呼吁下，干旱区绿洲荒漠化受到了世界各地的普遍关注，各国和地区为防治荒漠化采取了一些重大工程措施，如我国的"三北"防护林工程、美国的罗斯福大草原林业工程、非洲的绿色坝工程，这一系列项目的实施在荒漠化防治问题上取得了较好的效果。

国外学者关于绿洲变化的研究，在区域上主要集中在中亚、北美和中非等地。研究内容包括广泛存在的绿洲形成的机制、空间分布范围的变化及驱动因素分析、绿洲化和荒漠化带来的生态效应、绿洲—荒漠相互作用形成的"降温增湿"效应。例如，法国地理学家白吕纳（Jean Brunhes）在《人地学原理》一书中，对撒哈拉沙漠中的绿洲进行了单独描述；有学者对俄罗斯南部戈壁绿洲进行了研究，认为天然绿洲只形成于具有弱矿化度的地表水地带，随着人工绿洲的不断扩大，由于水资源利用不当，其他一些地区可能出现盐渍化，风蚀化过程也会加强，导致天然植被退化。

3.1.2　国内研究进展

国内对绿洲的系统研究开始于 20 世纪 30 年代，发展于中华人民共和国成立后，繁荣于 20 世纪 90 年代，大致可以分为 3 个阶段。第一个阶段是 20 世纪 30 年代至 1949 年的描述阶段；第二个阶段是调查考察阶段，中华人民共和国成立后，人们对绿洲开发和利用的需求增加，出现了大量对绿洲的研究，目的是更好地利用绿洲；第三个阶段是全面研究阶段，随着人类对绿洲的大规模开发利用，部分绿洲出现了严重的生态问题，引起了人们的普遍关注。

3.1.2.1　描述阶段（20 世纪 30 年代—1949 年）

绿洲是干旱区荒漠地带中一种独特的地理景观，干旱区的居民一直在绿洲上繁衍生息。古籍中绿洲被称为"沃洲""水草田"等，是适合居住、屯田的地方。在我国，"绿洲"一词作为地理概念来自西方地理学，随着社会进步和东西方文化交流，我国开始重视对绿洲的研究。这一时期比较有代表性的作品有陈正祥撰写的《塔里木盆地》[59]、周立三发表的《哈密——一个典型的沙漠沃洲》[60] 等。这些研究有别于以往将绿洲作为干旱区的组成部分进行研究，而是以绿洲为研究对象，对绿洲这一系统进行概括性描述。

3.1.2.2　调查考察阶段（1949—1990 年）

中华人民共和国成立后，农牧业生产力得到了极大激发，人口增长迅速，为了满足生计和发展生产，处于干旱区的人们加强了对绿洲的开发和利用。与此同时，科研人员加强了对绿洲的调查研究。这一时期，中国科学院先后组织了对西北五省（区）的综合考察，对干旱区的自然资源、生态系统等进行了系统调查。对处于干旱区的冰川、沙漠、绿洲等地理单元做了考察研究。此外，各地的农业、牧业、林业、水利等部门也组织力量对绿洲进行了考察，积累了丰富的绿洲基础信息，提高了人们对绿洲发展规律的认识。

3.1.2.3　全面研究阶段（1990 年至今）

一方面，改革开放使得我国的经济社会快速发展，从而带动了我国科学技术的发展，促进了干旱区绿洲研究；另一方面，由于经济社会的快速发展，人类利用、改造、破坏自然的能力大大增强，对绿洲的不合理利用导致了严重的生态问题，严重威胁了当地居民的生活，国家、社会公众和科研人员对绿洲研究的关注度日益增强。这一时期，一大批地理学、经济学、生物学等方面的专家来到西北干旱区，掀起了绿洲研究热潮。

在此期间，一批研究项目的立项使得绿洲研究走向深入和专业，例如，1991 年，由世界银行贷款资助的新疆塔里木河相关项目开始实施，开启了流域内调水研究，对合理配置中上游农业用水和下游生态用水展开了广泛研究 [61-63]；1990 年 6 月开始、1992 年 10 月结束的黑河地区地－气相互作用野外观测实验研究（HEIFE），先后进行了先行实验、正常观测实验、加强观测实验和特殊观测实验，得到了亚欧大陆腹地典型干旱区包括沙漠、戈壁、绿洲不同下垫面的太阳辐射、能量和水汽输送数据，为干旱区陆面过程的理论和参数化提供了观测实验基础，摸清了干旱区地面热量平衡的基本特征和干旱区绿洲和沙漠的相互作用关系 [64-66]。1995 年8 月，中、日、荷三国联合实施了题为干旱地区环境综合监测计划（简称AECMP95）的野外观测实验，此次实验所收集的资料为研究绿洲内外的能量收支及水汽传输辐射的影响提供了良好的条件 [67,68]。

进入 21 世纪后，研究人员为理解不同地表的生态水文过程进行了综合研究，升级了绿洲—沙漠观测系统，最具有代表性的是实施于 2007—2009 年的黑河综合遥感联合试验（Watershed Allied Telemetry Experimental Research,

WATER）及实施于 2012—2015 年的黑河生态水文遥感试验（Heihe Watershed Allied Telemetry Experimental Research，HiWATER）。WATER 和 HiWATER 试验的目标是建立一个国际公认的流域观测系统，提高研究人员观察生态和水文过程的能力，并将遥感应用于流域生态水文综合研究和水资源管理。这两个试验通过对绿洲和沙漠的综合观测，研究绿洲—沙漠的相互作用，进一步加深了人们对绿洲—沙漠复合体的理解。

3.2　不同历史时期的走廊绿洲

从时间角度来看，绿洲空间变化研究主要分为两个阶段：一是绿洲范围描述阶段，二是绿洲范围精度制图阶段，相对应地称为绿洲历史时期研究和现代时期研究。

我国西北地区是中蒙干旱区的重要组成部分，是世界上绿洲分布的重要区域。河西走廊地处甘肃省西北，是古代陆上丝绸之路的中段，东西绵延 1 000 多 km，幅员 31.6 万 km²。河西走廊绿洲是干旱区非常具有代表性的地理景观，在政治、军事、经济、中西文化交流、多民族融合等方面具有重要的作用。历史上，以殷富著称的绿洲是连通西域和中原的孔道，是丝绸之路上地理位置最重要、社会经济最发达、东西方经贸交流最频繁、文化形态最多元的地区 [69]。

河西走廊绿洲的开发和利用从人类来到此地以后就开始了，随着朝代的更替和文明的演替，河西走廊绿洲的开发和利用强度也发生变化，绿洲的面积以及灌溉渠系等经历了巨大变化。从汉代开始，河西走廊地区就进入人工大规模开发利用水土资源的新阶段。此后随着朝代的更迭和政权的转换，加之气候环境的变化，河西走廊地区经历了开发和萧条的多次轮回，但一直是丝绸之路的关键路段。现代河西走廊绿洲以其丰富的自然资源、突出的区域优势、便利的交通运输条件和丰富的旅游资源，在西北干旱区占据了重要的地位。河西走廊绿洲是西北灌溉农业大规模开发最早的地区，是绿洲开发利用的代表性区域[70]。历史上对河西走廊的开发有农业生产、屯垦移民、水资源开发、交通贸易，其中农业生产开发是基础，主要是对天然绿洲的垦殖，由此导致了大规模的天然绿洲向人工绿洲转化。

　　西汉之前，河西走廊地区人们呈现游牧状态，其特征为逐水草而居、无城郭耕田之业。西汉以后，农业活动频繁，天然绿洲开始向人工绿洲转化，绿洲化过程显著。东汉至三国时期，由于战乱迭起，人工绿洲随开随荒，游牧和农耕交替占据绿洲[71-73]。唐朝在河西加强屯垦，发展农业生产，开展农田水利建设，修建了农田灌溉渠系。"安史之乱"之后，吐蕃占据河西绿洲近百年，农垦衰落，人工绿洲荒废。五代时期，吐蕃、回鹘、党项、吐谷浑之间战乱不断，农田荒芜，垦区退化[74]。进入宋代，河西以畜牧为主[75]。明代实行"寓兵于农"的政策，发展屯田，绿洲开发出现新的"高潮"，但由于受到北元残余势力的威胁，绿洲开发仅限于明长城以内。清代以来，人口增加迅猛，农业开发规模加大，绿洲开发强度显著加大，人工绿洲的范围迅速扩展，由此带来了水资源紧张、水利纠纷加剧的后果。民国时期，河西走廊绿洲持续扩大。

　　由于绿洲范围描述阶段年代久远、资料缺乏，学者一般借助多学科手段和多种资料进行历史时期绿洲重建。综合运用历史学、地理学、文献学、考古学等手段，在3S技术的支持下，在野外考察和考古调查的基础上，将历史文献、历史遗迹、文物考古、三普资料等相结合，大致确定绿洲范围是历史绿洲调查的主要手段。Xie等利用多学科方法和多来源数据，包括历史文献、遗址、地图和遥感影像，对西北地区第二大内陆流域——黑河流域人工绿洲的历史时空演变进行了评价[76]。研究结果表明，人工绿洲在汉朝（公元前202—220年）首次大规模开发，然后从三国两晋南北朝时期（220—589年）到隋唐时期（581—907年）逐渐减少，在宋元时期（960—1368年）达到最低。在明朝（1368—1644年）和清朝（1644—1911年）复兴，在中华民国时期（1912—1949年），绿洲的发展达到了整个历史时期的最高峰。绿洲面积在 7 个主要的历史时期，即汉朝、三国两晋南北朝、隋唐、宋元、明、清、中华民国，估计分别为 1 703 km²、1 115 km²、629 km²、614 km²、964 km²、1 205 km²、1 917 km²。绿洲的空间分布总体上呈现连续的蔓延过程，绿洲的中心逐渐从下游地区向中部甚至上游地区移动。主要河流沿岸的绿洲在大多数时期保持稳定，而河流末端的绿洲经常变化，甚至变为荒漠 [76]。

3.3　现代时期的走廊绿洲

中华人民共和国成立以后，随着河西走廊大规模的修渠引水、开荒种地、工业建设、开发移民等活动的开展，一批大型水库和水利工程被修建，地下水被大量开采，大片荒地被开发，由此造成了河西面貌的巨大变化：绿洲大幅扩展、人口大量增加、农牧业产值逐年提高、社会经济持续发展。然而，由于绿洲开发的无序性、自然环境本身的变化和干旱区生态环境的脆弱性，河西走廊出现了许多严重的生态问题：上游冰川面积缩小、雪线上升，森林带退缩，天然林和草场退化、覆盖度降低、水源涵养能力减弱 [77-80]；中游对水资源的需求增加，水资源浪费严重，不合理的灌排方式引起了土地盐碱化，但部分地区又由于缺乏生态用水而出现沙漠化 [48,81]；下游河流来水量逐年减少，河道断流加剧，终端湖泊干涸，地下水位下降，根系较浅的荒漠植被大量枯死、退化，天然绿洲萎缩，林分结构质量变差，众多天然河道废弃，土地沙漠化和沙尘暴危害加剧 [82,83]。

相对历史时期的绿洲研究，现代时期的绿洲变化及驱动力的研究比较丰富。得益于科学技术，尤其是遥感技术的进步和发展，利用遥感数据进行绿洲变化研究成为主要的方法，也涌现出大量的研究成果。

4 现代绿洲变化

4.1　引言

由人类活动变化引起的土地利用/覆盖变化是社会经济发展和全球生态环境变化研究的前沿和热点[84]。土地利用/覆盖变化通过影响地球表层的物理、生物和社会经济等因素，从而影响自然景观[85-89]，而这一问题自20世纪90年代中期以来就受到了全世界的关注[84]。干旱半干旱区占世界陆地面积的30%以上[90]。中国干旱半干旱区占中国陆地面积的22%[91]。绿洲作为荒漠背景下的独特景观，拥有肥沃的土壤和来自地下水或来自山区的地表径流的补给，聚集了大部分的自然生产力和绝大多数的人类活动[42]。这些绿洲不仅在贫瘠的沙漠中为人类提供了宝贵的生存空间，而且通过其中的植被和水资源调节着干旱区区域气候[15,92,93]。因此，近几十年来，绿洲变化一直是关系可持续发展的关键问题。

河西走廊作为丝绸之路经济带和新欧亚大陆桥的重要组成部分，在国家"一带一路"倡议中至关重要[94,95]。在过去的几十年里，河西走廊绿洲社会经济快速发展。1980—1992年，河西走廊作为重要的商品粮基地主要生产谷物；2000—2012年，该区域以经济作物为主；2012年以来，河西走廊绿洲开始走绿色可持续发展道路。然而，过去开发的无序和低效，造成了严重的生态问题，包括土地沙漠化、土壤盐碱化、地下水减少和自然植被退化等问题[47,95-97]。生态退化的根本原因是水资源的短缺和不平衡利用，水资源短缺是干旱半干旱区最主要且日益严重的问题，同时伴随着上中下游的不平衡利用，水资源短缺问题更为明显。流域中游用水量增加，地表径流在中游消耗过多，下游径流量和地下水补给减少，导致下游河流和终端湖泊逐渐干涸，造成严重的生态问题[42]。因此，考察绿洲的变化及其背后的驱动力，可以为调控绿洲开发提供基础数据，也可以为决策者优化绿洲开发提供数据。

　　近年来，学者重点研究干旱半干旱区典型绿洲的扩张规模、速度和模式，以及绿洲化和气候变化、人口变化和经济发展的关系。例如，King 和 Thomas 对北撒哈拉绿洲 1978—2003 年的变化进行了分析，认为干旱化、盐碱化和人类活动造成了绿洲的退化[98]；Zhang 和 Xie 观察到 1986—2015 年，疏勒河流域的绿洲扩张主导了该区域绿洲整体变化趋势，而且发生变化的地方主要集中在人工绿洲的外围[97]；Xie 等对黑河流域绿洲变化进行了分析，发现 1963—2013 年黑河绿洲剧烈扩张，面积增长了 60%[42]。Zuo 等在石羊河流域的相关工作表明，在干旱区绿洲中耕地所占面积最大，而且在持续增大，由 1987 年的 36.4% 增加到 2001 年的 43%[96]。地表水净利用率下降了 50%，地下水的开采量明显增加。以往的研究比较分散，虽然对河西走廊部分绿洲进行了研究，但没有考虑整个河西走廊[42,43,98-101]。此外，其中一些研究使用的遥感数据分辨率较低，这给从数据中提取绿洲变化情况以及分析其变化带来了不确定性[44,98,102]。因此，有必要在更小的时间间隔和更准确的提取条件下，对河西走廊三大流域的绿洲演化进行对比分析。

　　关于干旱半干旱区绿洲变化驱动力的研究主要集中在 3 个方面：一是水资源短缺对绿洲演化的影响[102]；二是城市土地扩张对绿洲化的影响[102]；三是绿洲分布的自然限制条件研究[103]。

　　Zhou 等对黑河流域绿洲变化的驱动力进行了分析，认为过去几十年绿洲扩张的主要驱动力是该区域水资源的利用，其中包括大规模的地下水开采、地表灌溉渠系修建，以及各种节水措施的利用[102]。此外，研究表明，人口增长、经济增长等人为驱动因素也促进了绿洲扩张，土壤肥力和地下水深度是限制绿洲扩张的主要因素[103]。

　　近年来，对干旱半干旱区绿洲变化驱动力机制的研究主要集中在定性分析上，缺少独立的定量分析。自然条件的约束是绿洲分布的基础，驱动力是绿洲扩张和收缩的原因。长期以来，现有的分析不足以定量地描述干旱半干旱区绿洲发展的自然制约因素。对绿洲可能发展的区域，即绿洲的潜在分布问题，还没有得到很多研究者的认可。为了厘清河西走廊绿洲近几十年来的时空变化，分析绿洲发展演变中的自然限制因素和驱动力，本章主要完成以下 3 项工作：

（1）利用 8 个时期的遥感影像，以 5 年为间隔，重建 1986—2020 年河西走廊绿洲的演化过程，分析河西走廊过去 30 多年的变化情况；

（2）定量分析河西走廊绿洲分布的自然制约因素；

（3）评价干旱半干旱区绿洲变化的驱动力。

4.2 数据资料

大部分绿洲分布数据源于河西走廊绿洲沙漠化动态监测项目[30]，本书对近期绿洲分布进行了补充，共收集 1986—2020 年每隔 5 年的绿洲分布数据，具体年份为 1986 年、1990 年、1995 年、2000 年、2005 年、2010 年、2015 年和 2020 年共 8 期河西走廊绿洲分布数据（图 4-1）。绿洲分布矢量数据是基于 Landsat 卫星 TM、ETM 和 OLI 产品，该区域用 11 景遥感影像覆盖。

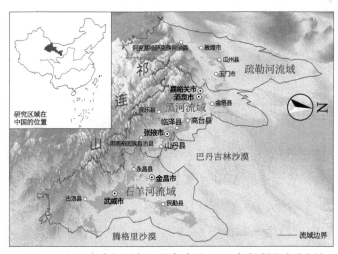

图 4-1 河西走廊绿洲空间分布（以 2020 年绿洲分布为例）

通过遥感影像提取绿洲有两个关键的问题：一是依据第 2 章中对绿洲的定义，判定绿洲的范围；二是根据绿洲的特征在遥感影像上进行信息提取。在影像上，绿洲是由植被（包括天然植被和人工植被）、建设工矿用地（包括城镇、居民地、工矿用地）、水体等组成。

植被的自动提取主要依靠对植被生长季，即 6—9 月的归一化植被指数（NDVI）的阈值分割来实现。通过对植被的红光和近红外波段两个波段不同的组合，得到满足多种目标的植被指数集，其中 NDVI 应用最为广泛[104-106]。植被提取的流程主要分为以下几步：首先通过遥感影像预处理，得到地表反射率，进而计算 NDVI；其次，计算合适的阈值来区分植被信息和背景信息，提取出"植被"信息。河西走廊的水域主要包括大大小小的湖泊、沟渠、水库、池塘等。

提取绿洲后，还需做进一步的处理才能形成完整的、符合逻辑的绿洲分布。一是对碎小多边形进行剔除，将面积小于 4 个像元的绿洲删除，因为它们面积太小，构不成一个绿洲单元；二是对 3 个图层进行拓扑检查，针对面重合和面空洞进行人工修改；三是人工目视解译，对部分绿洲的分类错误进行修正。

4.3　研究方法

4.3.1　绿洲提取及精度评价

本书用到的影像为 1986—2020 年的 Landsat ETM/TM/OLI 影像，影像 5 年一期选取，具体年份为 1986 年、1990 年、1995 年、2000 年、2005 年、2010 年、2015 年和 2020 年。为了更好地区分绿洲和荒漠，选取遥感影像的成像时间为植被生长季，即 6—9 月。为了聚焦研究重点，河西走廊的土地利用和覆盖被分为截然不同的两类：绿洲和荒漠。绿洲主体包括植被、建设用地、水域 3 部分。在提取绿洲边界时首先利用 Otsu 阈值法对归一化植被指数（NDVI）和归一化水体指数（NDWI）影像进行分割，完成植被信息的提取，然后利用目视解译将建设用地添加进去。每景影像的具体时间和分割阈值见表 4-1。对提取结果的精度验证主要通过实地考察进行，对错分的绿洲进行人工修改，由此得到满足精度要求的绿洲分布数据。由于遥感影像中聚落与沙漠的光谱相似性，居民点、工业区和矿区，特别是位于交界处的居民点、工业区和矿区不易被发现。因此，这些特性是手动添加的。将地理相邻的斑块合并，同时删除面积小于 4 像素的分散的斑块。

表 4-1　河西走廊绿洲提取所用的陆地卫星系列影像及植被分割阈值

行列号	1986 年	1990 年	1995 年	2000 年	2005 年	2010 年	2015 年	2020 年
131033	16/6/1988	25/6/1991	6/7/1995	19/7/2000	2/8/2005	18/7/2011	10/7/2014	27/6/2019
	0.29	0.29	0.27	0.24	0.28	0.34	0.34	0.31
131034	16/6/1988	29/7/1992	6/7/1995	19/7/2000	5/8/2006	13/8/2009	10/7/2014	11/6/2019
	0.28	0.3	0.31	0.35	0.31	0.28	0.44	0.34
132033	9/9/1987	16/6/1991	11/6/1995	11/8/2000	24/7/2005	4/6/2010	17/7/2014	13/6/2019
	0.31	0.4	0.36	0.32	0.34	0.38	0.41	0.36
132034	9/9/1987	2 /6 1992	11/6/1995	11/8/2000	6/6 2005	17/6/2009	17/7/2014	13/6/2019
	0.3	0.3	0.36	0.3	0.42	0.43	0.38	0.3
133033	15/8/1987	20/6/1990	21/8/1995	18/8/2000	15/7/2005	14/8/2010	9 /8/2014	6/6/2019
	0.3	0.38	0.33	0.3	0.33	0.38	0.38	0.37
134032	18/7/1986	30/8/1990	8/7/1994	8 /7/2000	22/7/2005	5/8/2010	15/7/2014	4/7/2019
	0.31	0.25	0.35	0.35	0.4	0.38	0.37	0.36
134033	7/7/1987	20/8/1990	8/7/1994	24/7/2000	7/8/2005	5/8/2010	15/7/2014	22/7/2019
	0.32	0.25	0.38	0.38	0.33	0.36	0.38	0.32

行列号	1986 年	1990 年	1995 年	2000 年	2005 年	2010 年	2015 年	2020 年
135032	25/7/1986	21/8/1990	19/8/1995	19/8/2000	13/7/2007	9 /6 2010	20/6 2014	9/8/2019
	0.27	0.28	0.25	0.25	0.33	0.3	0.38	0.26
136032	30/6/1986	16/9/1991	23/8/1994	20/6/2000	5/8/2005	16/6/2010	13/7/2014	6 /6/2019
	0.3	0.26	0.3	0.25	0.33	0.3	0.38	0.3
137032	23/7/1986	19/8/1990	17/8/1995	13/9/2000	9/6/2005	25/7/2010	2/8/2014	11/7/2019
	0.24	0.28	0.3	0.35	0.35	0.28	0.26	0.28
138032	19/9/1987	14/9/1991	20/7/1994	17/5/2000	22/8/2006	14/6/2010	27/7/2014	9/7/2019
	0.32	0.32	0.34	0.35	0.35	0.35	0.26	0.24

注：单元格行列号中，上列为成像时间、下列数字为分割阈值。

结合对当地居民的采访以及谷歌地球上高空间分辨率的图像，进行分类结果的验证[107,108]。每一期大概有 320 个样本用于评估绿洲提取精度，每一类地物约 80 个验证样本，其中植被、水体、居民点和工矿用地合并为绿洲。此外，我们多次采访了当地居民，了解他们所在地区的土地利用/覆盖变化情况，获取当地政府土地管理政策，了解引起土地利用/覆盖变化的因素。8 期河西走廊绿洲组成部分和荒漠的提取结果精度评价见表4-2。所有年份绿洲提取的总体精度在 84% 以上，同时 Kappa 系数均大于0.79。植被的用户精度和生产者精度不小于 80%，表明在干旱半干旱区，Otsu 阈值法在植被生长旺季提取植被分布信息具有较稳定的表现[109,110]。

表 4-2　河西走廊荒漠和绿洲提取结果精度评价

分类	精度	1986 年	1990 年	1995 年	2000 年	2005 年	2010 年	2015 年	2020 年
植被	PA	0.84	0.81	0.84	0.80	0.82	0.82	0.90	0.84
	UA	0.88	0.81	0.89	0.86	0.87	0.81	0.90	0.87
水体	PA	0.92	0.94	0.94	0.93	0.91	0.97	0.98	0.92
	UA	0.96	0.97	0.96	1.00	0.95	0.97	1.00	0.98

续表

分类	精度	1986年	1990年	1995年	2000年	2005年	2010年	2015年	2020年
居民地和工矿用地	PA	0.96	0.83	0.84	0.86	0.82	0.85	0.86	0.85
	UA	0.89	0.80	0.85	0.91	0.88	0.84	0.93	0.91
荒漠	PA	0.94	0.89	0.90	0.88	0.86	0.79	0.90	0.84
	UA	0.93	0.80	0.77	0.76	0.70	0.81	0.82	0.77
总精度	OA	0.91	0.84	0.85	0.86	0.84	0.84	0.90	0.88
	Kappa	0.89	0.80	0.80	0.81	0.79	0.80	0.88	0.87

注：PA 为生产者精度，UA 为用户精度，OA 为总体精度。

4.3.2　绿洲时空变化分析

4.3.2.1　时间变化分析

绿洲空间分布在时间上的变化是通过分析研究时段初期和末期绿洲面积变化来描述的[44,111]。土地利用/覆盖研究中广泛应用的单动态度（SDD）模型和双动态度（BDD）模型[42,85,111]被用于分析绿洲变化。SDD模型描述了一个阶段的净变化率，但忽略了变化过程中绿洲增加和减少的具体细节。然而，BDD模型将变化速率的增加和减少合并到一个复合度量中，可以描述绿洲扩张和萎缩的整体状态。SDD模型和BDD模型相互配合，既能表述绿洲总体变化趋势，也可以描述绿洲在一段时间内的波动情况。

SDD模型计算公式如下：

$$SDD = \frac{OA_{T_2} - OA_{T_1}}{OA_{T_1} \times (T_2 - T_1)} \times 100\%　　　　（4-1）$$

其中，OA 是绿洲面积；T_1 和 T_2 是研究时段开始年份和结束年份。

BDD模型同时考虑了绿洲的增长和减少部分，计算方法为：

$$
\begin{cases}
UOA = OA_{T_1} \cap OA_{T_2} \\
DR = \dfrac{OA_{T_1} - UOA}{OA_{T_1} \times (T_2 - T_1)} \times 100\% \\
IR = \dfrac{OA_{T_2} - UOA}{OA_{T_1} \times (T_2 - T_1)} \times 100\% \\
BDD = DR + IR = \dfrac{OA_{T_1} + OA_{T_2} - 2UOA}{OA_{T_1} \times (T_2 - T_1)} \times 100\%
\end{cases}
\tag{4-2}
$$

其中，UOA是两期绿洲分布都没有发生变化的面积，通过叠加分析提取不同时期绿洲不变部分得到。DR是年减少率，IR是年增加率。

4.3.2.2　空间变化分析

SDD模型和BDD模型可以描述绿洲在时间上变化的指标，不能描述绿洲在空间上的变化。空间叠加分析通过对某一特定地理区域多个时期的数据叠加分析，可以发现绿洲在空间上的变化程度。未发生变化的绿洲区域就是前后两期绿洲分布都存在的区域，而绿洲的增加或减少部分可以用研究时段初期或末期的绿洲面积剔除没有发生变化的绿洲得到。采用网格分析法对空间变化进行量化，网格单元的值代表变化率。本研究中网格的大小为90 m×90 m，为3个×3个卫星影像像素。网格分析模型如下：

$$
\begin{cases}
CR = OR_{T_2} - OR_{T_1} \\
OR = \dfrac{OA}{A_{\text{grid}}}
\end{cases}
\tag{4-3}
$$

其中，CR为空间变化率，OR为网格中绿洲所占的面积比例，OA为网格中绿洲的面积，A_{grid}为网格的面积（90 m×90 m），T为研究时段。当CR趋近1或−1时，网格中的绿洲分别呈现扩张或收缩的特征；当CR趋近于0时，网格中的绿洲是稳定的。

4.3.2.3　演化强度与格局分析

利用网格分析模型和 *CR* 指数可以来描述相邻年间绿洲的空间变化。利用 *CR* 绝对值之和（*SACR*）和 *CR* 原始值之和（*SOCR*）描述几个时间段内绿洲在空间上的变化。演化强度反映了绿洲的变化程度，其分布格局反映了绿洲在整个时期的发展和转变方式。将同一地理区域多个阶段的数据进行叠加，得到绿洲在总年际各时期的演化强度和格局。*SACR* 和 *SOCR* 的公式为：

$$
\begin{cases}
SACR = \sum_{i=1}^{N-1} |CR_i| \\
SOCR = \sum_{i=1}^{N-1} CR_i
\end{cases}
\tag{4-4}
$$

N 是时间段的数量。本研究中 1986—1990 年为一个时间段，1990—1995 年为另一个时间段……共涉及 8 个连续的时间段。*CR* 是某一个时间段绿洲的空间变化率。*SACR* 是几个时期 *CR* 的绝对值之和，取值范围为 0～（*N*−1）。*SACR* 越高表明绿洲变化越剧烈，反之亦然。*SACR* 等于 0 的区域为几个时期内绿洲稳定区，*SACR* 大于 0 的区域为绿洲发生变化的区域。发生变化的区域根据 *SACR* 大小分为相对稳定区、相对不稳定区和高度不稳定区（表4-3）。

表 4-3　绿洲变化程度和变化情况划分

变化程度	判断标准	变化情况
稳定	*SACR*=0	稳定
相对稳定	0<*SACR*≤0.5	变化
相对不稳定	0.5<*SACR*≤1	
高度不稳定	1<*SACR*	

根据 *SACR* 和 *SOCR*，将其变化模式分为 4 类：①"不变"，即研究期间区域边界未发生变化；②"扩张"，绿洲扩张而不收缩；③"退缩"，即绿洲规模缩小，没有进一步扩大；④"振荡"，绿洲在扩张和收缩之间进

行间歇性转换。具体分类标准见表 4-4。

表 4-4　绿洲变化模式具体分类标准

判断标准	变化模式
$SOCR=0$ 且 $SACR=0$	不变
$-1 \leqslant SACR < 0$	退缩
$SORC=0$	振荡
$0 < SACR \leqslant 1$	扩张

4.4　绿洲数量变化

4.4.1　面积变化

河西走廊绿洲总面积变化趋势如图 4-2 所示。在过去的 30 多年里，绿洲总体呈增长趋势，从 1986 年的 10 709.3 km² 增长到 2020 年的 16 449.5 km²。这意味着终期是初期的 1.54 倍，平均每年增加 169 km²。河西走廊绿洲面积变化虽随时间波动，但增加率在不同时期有所不同。这一变化趋势分为 3 个阶段（图 4-2）：

（1）相对稳定阶段，1986—1990 年，年均增长为 59.9 km²

（2）快速扩张阶段，1990—2005 年，年均增长为 193.8 km²；

（3）低增长阶段，2005—2020 年，年均增长为 109.6 km²。

从三大流域绿洲分布规模来看，黑河流域绿洲规模最大，其次为石羊河流域，分别约占绿洲总面积的 47%、40%，疏勒河流域分布规模最小，仅占河西走廊绿洲总面积的 13%。由图 4-2 可以看出，相较于绿洲面积减少，面积增加在数量大小上具有明显的优势，说明近 30 年来三大流域的绿洲变化均以扩张为主，退缩为辅。黑河流域和疏勒河流域绿洲在 1986—1990 年均略有缩小，其余年份均处于扩张状态，其中黑河流域在 2005—

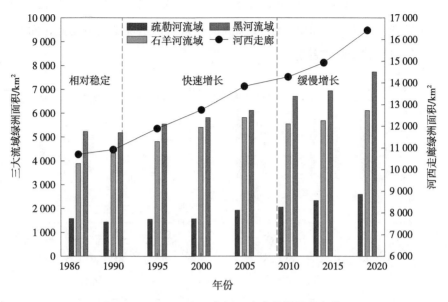

图 4-2 1986—2020 年河西走廊绿洲面积变化

2010 年及 2015—2020 年、疏勒河流域在 2000—2005 年绿洲扩张强度较大，其余期间扩张强度较稳定，且黑河流域绿洲增加的面积在各个时期均大于疏勒河流域；石羊河流域在 2005 年之前为绿洲快速扩张时期，绿洲增加面积远大于减少面积，2005—2010 年出现较大的萎缩，绿洲减小面积为 500.26 km²，达到三大流域整个研究时段减小面积的最高值，增加的面积仅为 210.26 km²，绿洲处于极端不平衡状态，之后又开始缓慢扩张。从扩张规模来看，石羊河流域的扩张规模最大，从 1986 年的 3 902 km² 扩张到 2020 年的 6 123 km²，扩张面积为 2 221 km²，占 1986 年的 57%；其次为黑河流域，扩张面积为 2 502 km²，约占 1986 年面积的 47%；疏勒河流域绿洲扩张面积最小，仅为 997 km²，约占初始面积的 62%。

从河西绿洲和 3 个流域绿洲面积增减数量来看，河西绿洲的面积增长占主导，增长面积是退缩面积的数倍（图 4-3）。整个河西走廊绿洲每期的扩张速度都超过 1 000 km²，最大的为 2015—2020 年，达到 1 573 km²。相对绿洲的扩张速度，绿洲的退缩面积波动较大，平均面积为 522 km²。同时从整体上来看，整个河西走廊绿洲的扩张面积呈现稳定的趋势，而绿洲的退缩呈交替变化的趋势。

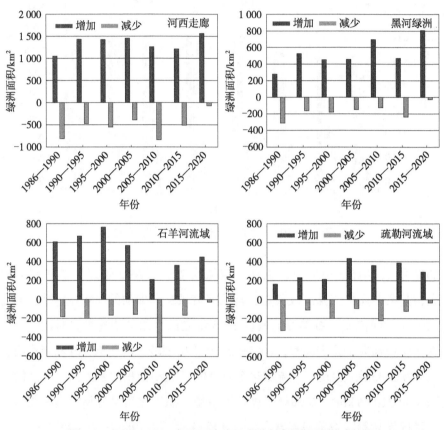

图 4-3　1986—2020 年河西走廊及各流域绿洲面积增减数量

石羊河流域在 2000 年之前，扩张面积剧烈，均达到 600 km²，此后扩张速度大大降低，在 2005 年以前石羊河绿洲的退缩每年维持在 180 km² 左右，2005—2010 年石羊河流域的绿洲退化十分严重，达到了 500 km²，超过了其扩张速度。黑河流域绿洲年平均扩张 400 km²，在 2005—2010 年和 2015—2020 年绿洲面积扩张迅速，分别超过 700 km² 和 800 km²。除了 2015—2020 年，黑河流域绿洲退缩整体上较为稳定，平均每时段为 180 km²。疏勒河流域由于绿洲面积基数小，绿洲扩张和退缩的面积较小，在 2000 年以前绿洲的扩张较小，约 200 km²，从 2000 年以后扩张速度明显加快，接近之前的 2 倍。疏勒河流域绿洲的退缩呈波动下降趋势。

4.4.2　动态度变化分析

由图 4-4 可以看出，双动态度在各个时期内均高于单动态度且曲线比单动态度要平缓，说明绿洲面积变化显著，同时绿洲与非绿洲的相互转化也很剧烈。三大流域中，双动态度由高到低依次是疏勒河、石羊河和黑河，说明疏勒河流域内绿洲与非绿洲的转换强度比其他两个流域强。从单动态度可看出，除了疏勒河和黑河流域在 1986—1990 年、石羊河流域在 2005—2010 年为负值外，其余时期均为正值，说明三大流域绿洲整体均处于扩张状态，并且在 1990—1995 年三大流域扩张幅度较为接近。

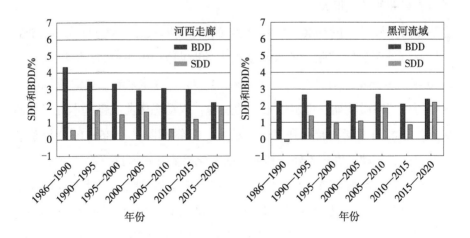

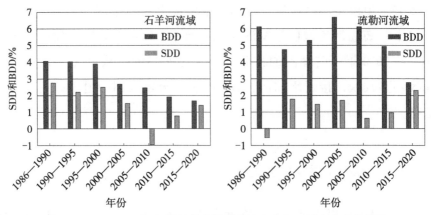

图 4-4 　1986—2020 年河西走廊绿洲单动态度和双动态度变化情况

疏勒河流域绿洲在 1986—1990 年为三大流域中退缩最剧烈的时期，1990 年之后绿洲开始扩张，1990—1995 年、2005—2010 年绿洲的变化幅度较小，2000—2005 年为绿洲剧烈扩张时期。该流域绿洲变化总体上可归纳为"明显萎缩—波动扩张"的过程，整个研究时段内绿洲单动态度与双动态度的变化趋势存在差异，其中 1995—2000 年、2005—2010 年绿洲单动态度较小但双动态度较大，说明这两个时期内绿洲面积净变化较小但绿洲与非绿洲的转化很大。

黑河流域绿洲在 1986—1990 年处于微略萎缩状态，动态度为 -0.15%，之后一直处于稳定扩张，扩张幅度较大的时期为 1990—1995 年和 2005—2010 年，绿洲单动态度分别为 1.41%、1.87%。总体来看，黑河流域内绿洲经历了"略微萎缩—稳定扩张"的过程，双动态度曲线也基本处于平衡状态，绿洲与非绿洲转化强度保持稳定，且绿洲除在 1986—1990 年单动态度较小、双动态度较大外，其余时期变化趋势基本保持一致。

石羊河流域绿洲在 2005 年以前一直处于剧烈扩张，单动态度均大于 1.5%，之后扩张幅度开始持续减小，直到 2005—2010 年绿洲出现萎缩，单动态度为 -0.99%，2010 年之后又逐渐出现扩张趋势，但扩张幅度较小。

总体而言，该流域绿洲的变化经历了"稳定扩张—萎缩—略微扩张"的过程，且绿洲单动态度与双动态度的变化趋势基本一致。

4.5　绿洲空间变化

4.5.1　变化率空间分布

在绿洲数据的基础上，选择 90 m×90 m 的网格单元计算相邻样本年网格单元内的绿洲变化率，共计算得到 6 个阶段的绿洲变化率数据。图 4-5 主要列出了三大流域绿洲面积变化较剧烈时期的变化率分布，分别为 1986—1990 年、1990—1995 年和 2005—2010 年 3 个时期。

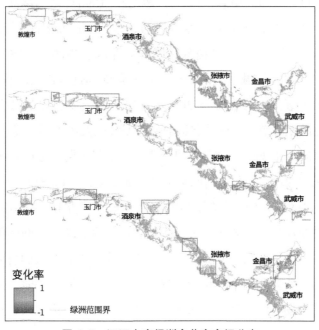

图 4-5　河西走廊绿洲变化率空间分布

　　三大流域绿洲变化剧烈的区域均主要集中在绿洲主体外围。其中疏勒河流域在 1986—1990 年退缩较为剧烈，绿洲增加的面积为 163.21 km^2，减小的面积达到 322.95 km^2，且退缩区主要集中于瓜州县和玉门市接壤的冲积扇区，对比遥感影像可以看出，该区域大规模的退缩是由天然植被的退化引起的。1990 年之后绿洲开始稳定扩张，其中 2000—2005 年扩张最为剧烈，绿洲减小的面积为 90.68 km^2，增加的面积达到 431.97 km^2，且瓜州县周围的绿洲扩张最为明显，主要为耕地的开垦，斑块面积较大，分布较为集中。

　　黑河流域在 1986—1990 年处于略微退缩阶段，绿洲增加的面积为 279.47 km^2，减小的面积为 310.76 km^2，变化绿洲斑块较为破碎，扩张与退缩区域相间分布，民乐县、山丹县、甘州区、临泽县一带的绿洲变化较为剧烈，其中山丹县南部的山丹军马场绿洲的扩张与退缩主要为大斑块人工耕地的开垦与弃耕所引起，形状比较规整。1990 年之后绿洲开始加速扩张，其中 2005—2010 年的扩张最为剧烈，绿洲增加面积远大于减少面积，扩张区主要集中在山丹县东南部、民乐县北部、临泽县、肃南裕固族自治县的明花乡以及流域下游的金塔县倒三角绿洲这些山前冲积平原地带。1990—1995 年扩张强度仅次于 2005—2010 年，且扩张剧烈区主要集中在甘州区东部的碱滩镇、高台县北部的骆驼城镇以及山丹军马场。

　　石羊河流域在 2005 年之前一直处于剧烈扩张时期，尤其 1990—2000 年这 10 年，绿洲增加的面积达到 24 389.91 km^2，减少的面积仅为 366.69 km^2，其中 1990—1995 年扩张较为剧烈的地区集聚在民勤县、金川区东部与民勤县接壤的荒漠区、凉州区与古浪县接壤的地区；1995—2000 年扩张区域分布于前一阶段扩张较为剧烈的区域外围，为人工新开垦的耕地，其中民勤县内绿洲开始向距离主体绿洲较远的沙漠地区扩张，同时，位于主体绿洲西南部的南湖乡绿洲经历了从无到有的过程，开发强度大，且斑块分散度高；2005—2010 年绿洲出现大规模退缩，且主要集中在下游的民勤县，多为前期在绿洲主体外围及荒漠区中新开垦的耕地。

4.5.2 累计变化率分析

4.5.2.1 绿洲变化程度分析（累计绝对变化率）

本书对 1986—2020 年各相邻年份变化率的绝对值求和得到 30 多年以来河西绿洲变化的绝对累计变化率 SACR，从而反映绿洲在长时间序列中的整体变化情况。根据 SACR 的大小和绿洲变化程度分级（表 4-3），将绿洲变化程度分为 4 类：无变化、不剧烈、一般剧烈和很剧烈，如图 4-6 所示。

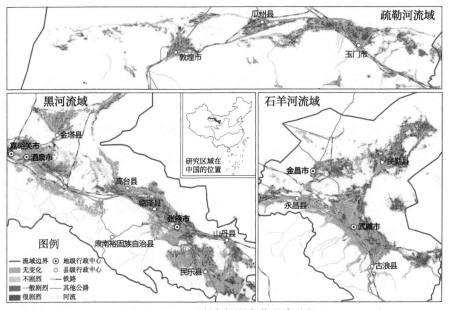

图 4-6　河西走廊绿洲变化程度分级

"无变化"区域构成了三大流域绿洲的主体，说明 1986 年之前三大流域绿洲已初具规模并且较稳定，且主要分布于河流流经、地势平坦、交通便捷的地区。"一般剧烈""很剧烈"区域主要分布于"无变化"区域的外围，其中"一般剧烈"多为累积变化率等于1的区域，这些区域主要为绿洲持续扩张（退缩）分布的区域。"不剧烈"区域则分布在其他3类绿洲区域的外围或者孤立存在于荒漠区。

疏勒河流域内"无变化"绿洲整体较为破碎；"很剧烈"绿洲主要分布于玉门市与瓜州县接壤的冲积扇区中东部，以及河流两侧的河滩地，其绿洲多为天然绿洲，由于降水、河流径流的变化等多种自然因素导致植被的生长状况发生较大变化，因而绿洲变化比较剧烈。"一般剧烈"绿洲在瓜州县城周边，玉门市的花海镇、柳湖镇等移民区一带及人工渠道（双塔总干渠）周边有大面积的分布；"不剧烈"绿洲在玉门市与瓜州县接壤的冲积扇区西部及流域西部沿疏勒河干流一带较集中。

黑河流域内"无变化"绿洲呈片状、条带状分布于黑河干流周边，或呈三角状分布于山前冲积平原地带，且流域下游的绿洲较破碎，连通性较差；"很剧烈"绿洲分布较为稀少，零星分布于流域中上游地区；"一般剧烈"绿洲主要呈片状沿G30连霍高速公路及兰新铁路分布于"无变化"绿洲外围，如嘉峪关市、高台县西部、临泽县、甘州区东部一带，除此之外，还呈条带状分布于流域的山前冲积平原地带，这些地区常见人工耕地开垦，显示出人类活动是绿洲大面积变化的主要原因；"不剧烈"绿洲在流域中分布较为均匀。

石羊河流域内"无变化"绿洲在中游的分布规模最大且连片性好，在下游较为破碎；"很剧烈"类型广泛分布于下游的民勤县，主要集中于"无变化"绿洲外围，或零星存在于荒漠区，民勤县西、北、东三面被沙漠包围，属于典型的荒漠绿洲，由于自然和政策等因素的影响，绿洲经历了开垦、废弃和复垦的多次反复，变化较剧烈；"一般剧烈"绿洲呈片状分布于"无变化"绿洲外围的平原区，如金川区东部、凉州区东部、古浪县一带；"不剧烈"绿洲则分布于其他3类绿洲区域的外围或孤立存在于荒漠区。

通过以上对河西走廊三大流域绿洲的时空变化分析，可以发现，它们之间存在一些共同的规律与特征，当然，由于不同流域绿洲所处地理位置、气候条件及人为因素等各方面的差异，三大流域绿洲又各自有其变化规律。

4.5.2.2　三大流域绿洲时空变化异同点

绿洲变化在三大流域的共同点具体表现：1986—2015 年三大流域绿洲面积均呈现增长的趋势，绿洲主体主要分布于水资源充足、交通便捷的地区；变化绿洲主要分布于主体外围或者孤立存在于荒漠区。然而，不同流域又有各自特点。

疏勒河流域绿洲分布规模和扩张规模均最小，绿洲经历了"明显萎缩—波动扩张"的过程。1986—1990 年退缩较为剧烈，主要为天然植被的退化所引起。1990 年之后绿洲开始稳定扩张，且 2000—2005 年扩张最为剧烈，主要为大量耕地的开垦所引起。绿洲主体较为分散，"很剧烈"绿洲主要分布于冲积扇区中东部，以及河流两侧的河滩地，其绿洲多为天然绿洲；"一般剧烈"绿洲主要分布于移民区一带；"不剧烈"绿洲集中于流域西部沿河流一带及冲积扇区西部。

黑河流域绿洲分布规模最大，扩张规模仅次于石羊河流域，绿洲经历了"略微萎缩—稳定扩张"的过程。1986—1990 年为微略退缩期，变化绿洲斑块较为破碎，扩张与退缩区域相间分布；1990 年之后绿洲开始加速扩张，且 2005—2010 年扩张最为剧烈，扩张区主要集中在山前平原地带，多为耕地的开垦。中上游绿洲较为聚集，下游较为破碎；"很剧烈"绿洲分布较为稀少；"一般剧烈"绿洲主要沿公路分布于绿洲主体外围，或呈条带状分布于山前冲积平原地带，主要为人工耕地的开垦所引起；"不剧烈"绿洲分布较为均匀。

石羊河流域绿洲扩张规模最大，绿洲经历了"稳定扩张—萎缩—略微扩张"的过程。2005 年之前均处于剧烈扩张时期，且 1995—2000 年最为剧烈，扩张区域分布于前一阶段扩张较为剧烈的区域外围，为人工新开垦的耕地；2005—2010为剧烈退缩期，多为前期新开垦的耕地。中游绿洲规模较大且连片性好，下游较破碎；"不剧烈"与"很剧烈"绿洲主要分布于下游的民勤县，多为人工绿洲；"一般剧烈"绿洲主要呈片状分布于主体绿洲外围的平原区。

4.5.2.3　绿洲变化模式分析（累计相对变化率）

本书对1986—2020年相邻年份的变化率原始值进行求和得到多年来绿洲的累计变化绿洲值*SOCR*，取值为-1～1。根据*SOCR*值的大小和绿洲变化模式分类标准（表4-4）将河西走廊绿洲多年变化情况分为4个模式：稳定不变型、萎缩型、扩张型和振荡型，如图4-7所示。

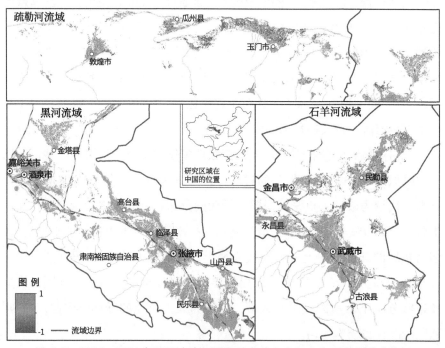

图4-7　1986—2020年河西走廊绿洲累计变化率空间分布及变化模式分级

近30年来，稳定不变型绿洲面积占研究区绿洲总面积的50%。稳定绿洲分布在冲洪积扇平原、河流域的中游平原和下游的三角冲积扇。振荡型绿洲构成了绿洲总面积的 11%，这意味着 10% 的绿洲进行着双向变化，位于冲积—洪积扇的边缘，靠近河流和沟渠的低洼地区，以及绿洲和沙漠的过渡地带。扩张型绿洲占绿洲总面积的 27%，分布在主要绿洲区外和区内，特别是在黑河流域和石羊河流域的中游，在下游也有一些绿洲分布。大部分扩建的绿洲都位于河流的尽头或引入灌溉设施的荒漠。萎缩型绿洲主要分布在下游河道，占绿洲总面积的 12%。河西走廊大部分绿洲的增长是由于开垦耕地，而减少的绿洲则主要是由于自然绿洲的退化或废弃耕地，主要分布在下游河道。

4.6　小结

河西走廊绿洲作为我国西北地区最为繁盛的绿洲之一，自古以来就是兵家所争之地，也是绿洲丝绸之路所穿越的重要地段，具有重要的军事和经济战略地位。近几十年来，随着人口增加、社会经济发展和水土资源的大规模开发利用，该区域出现了一系列的生态环境问题。随着国家政策对西部的倾向和"一带一路"倡议的深入推进，迫切需要对河西走廊的绿洲景观变化进行研究，从而为实现区域可持续发展奠定基础。

本书在 RS 技术和 GIS 技术的支持下，以 30 m 分辨率的 Landsat 系列卫星为数据源，解译获取以 5 年为间隔，1986—2020 年的 8 期河西走廊绿洲分布数据。在此基础上，从绿洲数量变化和空间变化两个方面对比分析河西走廊绿洲在时间和空间上的变化，从地形地貌、水资源和温度条件来分析绿洲分布的限制因素，从定性和定量方面对河西走廊绿洲变化进行分析，具体结论如下：

①河西走廊绿洲由 1986 年的 10 709.3 km² 增加到 2020 年的 16 449.5 km²，30 多年以来扩大了 1.54 倍，其三大流域绿洲变化过程总体上也均呈现扩

张趋势，且绿洲面积变化显著的同时，绿洲与非绿洲间的相互转化也很剧烈。由绿洲时空变化分析可知，1986 年之前三大流域绿洲就已初具规模并且较稳定，主要分布于水资源丰富、地势平坦、交通便捷的地区，变化绿洲主要分布于绿洲主体外围或者孤立存在于荒漠区，其中扩张绿洲主要为开垦的耕地所引起，退缩绿洲主要为天然绿洲退化或耕地的弃耕所引起。

②由于不同流域所处的地理位置、自然资源及人类活动等各方面存在差异，三大流域绿洲时空变化也存在差异。疏勒河流域绿洲整体较为破碎，分布规模和扩张规模均最小，绿洲经历了"明显萎缩—波动扩张"的过程，1986—1990 年和 2000—2005 年分别为绿洲在三大流域中退缩和扩张强度最剧烈的时期，其中退缩区域主要为天然植被的退化所引起，且变化非常剧烈的绿洲多为天然绿洲。黑河流域下游绿洲较为破碎，绿洲整体分布规模最大，扩张规模仅次于石羊河流域，经历了"略微萎缩—稳定扩张"的过程，其中 2005—2010 年扩张最为剧烈，主要集中在山前平原地带，变化很剧烈的绿洲零星分布于流域中上游地区。石羊河流域分布规模仅次于黑河流域，扩张规模最大，绿洲经历了"稳定扩张—萎缩—略微扩张"的过程，1995—2000 年扩张最为剧烈，2005—2010 年为剧烈退缩期，多为前期新开垦的耕地，变化非常剧烈的绿洲广泛分布于生态环境恶劣的下游地区。

5

绿洲演变的限制条件和驱动因素

绿洲空间变化和驱动力分析的研究是干旱区研究的热点和重点，不同学者从不同的视角对干旱区绿洲的变化做了多方面的研究，利用多种模型对绿洲的驱动力分析进行分析。关于干旱半干旱区绿洲变化驱动力的研究主要集中在 3 个方面：一是水资源短缺对绿洲演化的影响[102]；二是城市土地扩张对绿洲化的影响[102]；三是绿洲分布的自然限制条件研究[103]。

Zhou、Wang 和 Shi[102] 对黑河流域的绿洲变化的驱动力进行了分析，认为过去几十年绿洲扩张的主要驱动力是该区域水资源的保证，其中包括大规模的地下水开采、地表灌溉渠系修建，以及各种节水措施的利用。此外，研究表明，人口增长、经济增长等人为驱动因素也促进了绿洲扩张，土壤肥力和地下水深度是限制绿洲扩张的主要因素[103]。

5.1 数据资料

河西走廊主要河流的水文资料来自甘肃省水利公报（http://slt.gansu.gov.cn/），河西走廊三大流域中，县级行政区和河流水文站见表 5-1。本书收集了和绿洲监测相同时间段的各河流水文站的地表径流数据，即 1986—2020 年每隔 5 年的河流径流。

石羊河流域位于河西走廊东段，流域面积约 4 万 km^2。石羊河发源于冷龙岭北坡，最终消失于民勤尾闾湖。流域自西向东有 8 条较大的河流，依次为西大河、东大河、西营河、金塔河、杂木河、黄羊河、古浪河、大靖河。

表 5-1　河西走廊三大流域行政区域及主要河流和对应水文站信息

流域	所处位置	行政区域	主要河流（对应的水文站）
石羊河流域	中游	凉州区、金川区、永昌县、古浪县	大靖河（大靖水文站）、古浪河（古浪水文站）、黄羊河（黄羊水文站）、杂木河（杂木寺站）、金塔河（南营水文站）、西营河（九条岭水文站）、东大河（沙沟寺水文站）、西大河（西大河水文站）
	下游	民勤县	
黑河流域	中游	甘州区、临泽县、山丹县、民乐县、肃南县、肃州区、高台县、嘉峪关市	北大河（冰沟水文站）、黑河（鹰落峡水文站）
	下游	金塔县	
疏勒河流域	中游	玉门市、敦煌市	疏勒河（昌马堡）、党河（党成湾）
	下游	瓜州县	

　　黑河流域位于河西走廊中段，流域面积约 14 万 km²，流域内发育两条河流，分别为黑河和北大河。黑河发源于祁连山走廊南山和讨赖山北麓，在上游分为东岔和西岔，东岔名为八宝河发源于锦阳岭，西岔名为野牛沟，发源于团结峰，东西两岔在黄藏寺会合，向北到鹰落峡出祁连山，鹰落峡水文站为其出山径流监测点。黑河进入河西走廊灌溉中游绿洲，穿越正义峡，进入阿拉善高原，在金塔县境内与北大河汇合，流入额济纳旗境内，最后注入居延海。鹰落峡以上为黑河上游，鹰落峡至正义峡为黑河中游，正义峡以下为下游。黑河从发源地到居延海全长 821 km，黑河不仅承担着上游青海、中游甘肃及下游内蒙古自治区的用水需要，而且要保证我国第一个航天科研基地的用水，全流域水资源利用率为 98%[112]。

　　疏勒河流域位于河西走廊西端，流域面积约 4 万 km²，流域内主要河流为疏勒河和党河。疏勒河发源于祁连山北坡，干流由东南向西北穿行于讨赖南山和疏勒南山之间，全长 670 km。

5.2 研究方法

干旱区绿洲空间分布受到自然环境条件的制约和影响，定量评价干旱区绿洲分布及其制约因素之间的关系，对绿洲开发管理具有重要意义[113]。地形和地貌因子[114,115]、可利用水资源[52,116,117]，以及温度条件[118]等是绿洲形成和演化过程中至关重要的因素，可以通过空间分析方法来定量描述这些影响绿洲分布和发育的因素。

在分析绿洲限制条件之前，提取了稳定绿洲区和最大绿洲区。稳定绿洲区是绿洲长期稳定不变的区域，可以提供良好的地形、气候、水资源等条件。而最大绿洲区是在历史时期绿洲至少占据一次的地方，是适宜绿洲开发的地方。将 8 个时期绿洲分布叠加，取交集提取得到绿洲稳定区域，取并集提取绿洲最大分布区域，对绿洲稳定区域和绿洲最大分布区域与限制因子进行叠加分析，得到干旱区绿洲的约束条件。

然而，人口增长、经济发展、产业调整、水资源变化等外部驱动因素导致了空间的扩张或收缩。为了定量表征绿洲面积变化的驱动力，我们选择绿洲面积作为自变量，以自然因素、社会经济因素作为因变量。构建驱动因子指标体系，运用灰色关联方法分析绿洲变异的驱动力。

表 5-2　绿洲变化的限制因素分析和驱动力分析指标体系

限制因素		符号	驱动因素		符号
地形地貌	高程	DEM	人口	总人口	P_t
	坡度	$Slope$		农业人口	P_a
水资源	降水	P	水资源	可用水深度	AWD
	可用水深度	AWD	经济因素	GDP	GDP
温度	平均温度	T_{avg}		第一产业	GDP_1

限制因素		符号	驱动因素	符号
温度	最大温度	T_{max}	经济因素	第二产业	GDP$_2$
	最小温度	T_{min}		第三产业	GDP$_3$

注：在 90 m × 90 m 的格网尺度上进行绿洲分布限制因素分析，在县级行政单元上进行驱动力分析。

灰色关联度模型的基本思想是根据不同序列数据的形状确定其相似度，由我国学者邓聚龙提出。当两个数据所呈现的曲线越近，它们之间的相关程度越高。其主要特点是不需要考虑样本容量和样本分布的规律性，计算结果变化率相关，而不是具体的数值。因此，本书利用标准化数据初始值的相对关联度，研究了 1986—2015 年绿洲扩张的主要驱动因素。计算步骤如下所示。

5.2.1　参考序列和比较序列

将各县绿洲面积时间序列数据作为参考序列，$X_{i0}(K)$，影响因素时间序列作为参考序列，$X_{ij}(K)$，公式如下：

$$X_{i0}(k) = \left\{ X_{i0}(0), X_{i0}(2), ..., X_{i0}(n) \right\} \tag{5-1}$$

$$X_{ij}(k) = \left\{ X_{ij}(0), X_{ij}(2), ..., X_{ij}(n) \right\} \tag{5-2}$$

其中，$X_{i0}(K)$ 是第 i 个县第 k 年的绿洲面积；$X_{ij}(K)$ 是第 i 个县第 k 年的第 j 个影响因素；i 是研究区内县级行政区的序号，$i=1, 2, \cdots, p$；j 是影响因素编号，$j=1, 2, \cdots, m$；k 是年份序号。

5.2.2　标准化指数

采用初值法，将每列数据除以列中第一个数据，根据发展速度得到一组固定序列。$X'_{i0}(k)$ 是新的参考序列，$X'_{ij}(k)$ 是新的比较序列，公式如下：

$$X'_{i0}(k) = \frac{X_{i0}(k)}{X_{i0}(1)} \qquad (5-3)$$

$$X'_{ij}(k) = \frac{X_{ij}(k)}{X_{ij}(1)} \qquad (5-4)$$

5.2.3　计算参考序列和比较序列灰色关联度（GRD）

GRD 是参考序列与比较序列的绝对差值。将 GRD 取灰色相对系数的平均值，一般表达式为

$$GRD_{ij} = \underset{k}{mean}\left(\frac{\underset{j}{min}\,\underset{k}{min}\left[X'_{i0}(k)-X'_{ij}(k)\right]+\rho\,\underset{j}{min}\,\underset{k}{min}\left[X'_{i0}(k)-X'_{ij}(k)\right]}{\left|\left[X'_{i0}(k)-X'_{ij}(k)\right]\right|+\rho\,\underset{j}{min}\,\underset{k}{min}\left[X'_{i0}(k)-X'_{ij}(k)\right]}\right)(5-5)$$

可用水深度（AWD）是基于径流深度（R）和降水（P）建立的。基于网格的 AWD 为 R 和 P 的和，表示绿洲网格中可利用的水资源。网格尺度上的径流深度（R）为绿洲地区山口水文站所测上游径流的与它所灌溉的绿洲面积的比值，单位为毫米，公式如下所示：

$$AWD = R + P$$

网格化降水数据（P）源于 1 km 分辨率的降水和温度产品的网格化降水数据[119]，该数据集提供分辨率大约为 1 km 的月尺度 2 m 气温（最大温度、最小温度、平均温度）和降水，通过利用全国 496 个气象站多年观测数据对 CRU 粗空间分辨率数据进行空间降尺度得到。该数据集与原始 CRU 数据集相比，温度平均绝对误差降低了 35.4%～48.7%，降水平均绝对误差较低了 25.7%。通过利用台站观测结果进行评价，该数据集可提供中国各气候变量的详细气候学数据和年变化趋势[119]。该降水和温度数据下载于 https://doi.org/10.5281/zenodo.3114194 和 https://doi.org/10.5281/zenodo.3185722。

5.3 绿洲限制条件

5.3.1 稳定绿洲和最大绿洲

如前所述，通过对 8 个时期绿洲空间分布图进行空间叠置分析，从每期绿洲都存在的区域中提取出稳定绿洲分布，从 30 多年曾经存在过的区域中绘制出最大绿洲分布（图 5-1）。绿洲稳定面积为 9 062 km²，最大绿洲面积达到 17 568 km²，接近稳定绿洲面积的 2 倍。值得注意的是，稳定的绿洲区域具有非常有利的区位条件，能够抵御自然和人类活动的干扰。最大绿洲区域还具有良好的水文、气候、地貌条件，有绿洲发育的地方，同时也是绿洲较为脆弱特别容易遭到破坏被放弃区域。

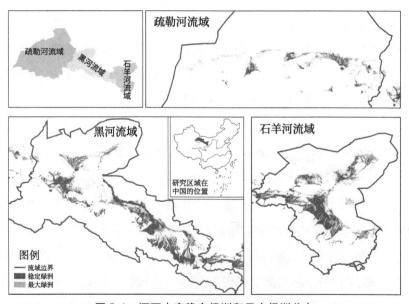

图 5-1　河西走廊稳定绿洲和最大绿洲分布

5.3.2　地形地貌限制

形成于地质历史时期的地貌条件对绿洲的发育过程至关重要。为探讨地貌因子与绿洲分布的可能关系，绘制了散点图和正态分布拟合曲线。图 5-2（a）显示绿洲的海拔高度主要为 1 000～2 000 m，在 2 500 m 以上绿洲分布很少。稳定（最大）绿洲分布的海拔峰值在 1 500（1 450）m，占所有绿洲分布的 3.5%、4.5%，说明绿洲在扩张时倾向于占据较低的海拔。绿洲主要位于沿河流或灌溉渠系统的平原上，坡度在 5° 以下［图 5-2（b）］，大部分位于坡度在 3° 以下的平地上。平坦处（坡度 =0）的稳定绿

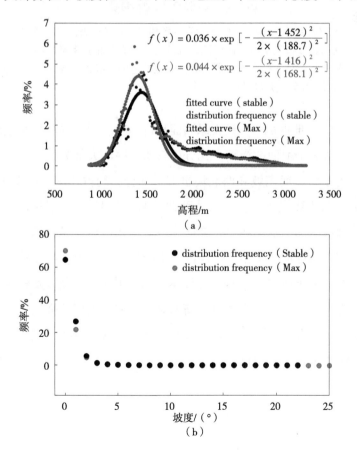

$$f(x) = 0.036 \times \exp\left[-\frac{(x-1\,452)^2}{2 \times (188.7)^2}\right]$$

$$f(x) = 0.044 \times \exp\left[-\frac{(x-1\,416)^2}{2 \times (168.1)^2}\right]$$

fitted curve（stable）
distribution frequency（stable）
fitted curve（Max）
distribution frequency（Max）

（a）

（b）

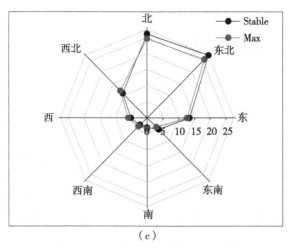

图 5-2　绿洲分布的地形特征

（a）高程；（b）坡度；（c）稳定绿洲和最大绿洲的坡向分布频率
注：黑色的点代表分布频率稳定的绿洲，红色的点代表分布频率最高的绿洲，黑色的虚线是拟合曲线分布频率稳定的绿洲，其公式是黑色的，红色的虚线是拟合曲线分布频率最高的绿洲，其公式是红色的。

洲面积占全部绿洲的 64%，最大绿洲面积占 76%，说明绿洲扩张主要发生在平坦处。对 8 个坡面的绿洲占比分析表明，绿洲大部分集中在北坡和东北坡，约占 60%，而东坡和西北坡也有一部分，约占 30%［图 5-2（c）］。坡面绿洲扩张主要发生在向阳坡（西北、西、西南、南、东南），绝大多数背阴坡都被绿洲覆盖。相反，在向阳坡有许多沙漠，只要具备必要的水分条件，就会被绿洲所占据。不同的方面导致太阳辐射量的变化，影响蒸散发，从而导致土壤水分平衡。更具体地说，阴面由于蒸散发较少，对植被生长有更多的水分，而阳面有更高的蒸散发率，支持植被生长的水分较少。图 5-2（a）给出了稳定和最大绿洲 DEM 频率的拟合正态分布公式，拟合达到显著水平（$p < 0.001$）。

5.3.3 水文条件限制

通过网格降水与绿洲分布叠加分析，得到稳定绿洲和最大绿洲的降水分布频率。受干旱地区降水不足的限制，稳定的绿洲分布在降水为 50～300 mm 的区域 [图 5-3（a）]。事实上，如此低的降水量不足以维持植被。植物的生长和生产与浅水水文系统密切相关，这些系统的水绝大多数来自干旱土地上的上游径流。因此，利用网格尺度上的水深、降水量总和的可利用水深，考察水文对绿洲发展的影响。从图 5-3（b）可以看出，稳定绿洲和最大绿洲分布区域的可利用水深都大于 400 mm。最大绿洲的拟合曲线比稳定绿洲的拟合曲线平坦，说明绿洲在扩张时，往往占据较低的水深。拟合的稳定绿洲和最大绿洲降水量和可利用水深正态分布公式如图 5-3 所示，均通过检验（$p=0.001$）。建议在可利用水深 400 mm 以上的区域开发绿洲，对绿洲开发选址具有重要的指导意义。

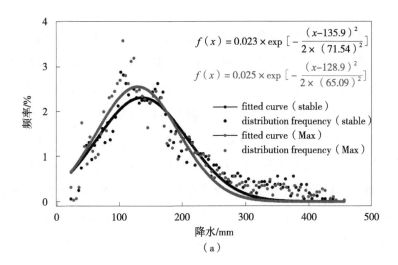

$$f(x) = 0.023 \times \exp\left[-\frac{(x-135.9)^2}{2 \times (71.54)^2}\right]$$

$$f(x) = 0.025 \times \exp\left[-\frac{(x-128.9)^2}{2 \times (65.09)^2}\right]$$

fitted curve（stable）
distribution frequency（stable）
fitted curve（Max）
distribution frequency（Max）

频率/%

降水/mm

（a）

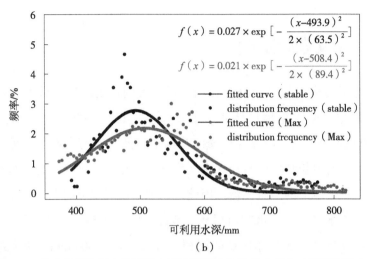

图 5-3 稳定绿洲和最大绿洲降水和可利用水深的分布频率（图例同图 5-2）

（a）降水分布；（b）可利用水深分布

5.3.4 温度热量限制

降水和气温是两个主要的气候参数，它们通过改变土壤水分和热量影响植被生长，尤其是在干旱寒冷地区。我们利用平均、最高和最低气温数据，研究了它们与绿洲分布的关系。结果表明，绿洲分布的平均温度为 6～10℃，大部分集中在 7～9℃（图 5-4），最低空气温度为 -14～7℃，大多集中在 -10～8℃［图 5-4（b）］，最高的空气温度为 18～26℃，大部分集中在 22～24℃［图 5-4（c）］。从图 5-4 还可以看出，绿洲扩张发生在平均温度、最低温度和最高温度高的地方。当平均气温低于 6℃ 或高于 10℃ 时，植被生长受到限制。拟合的稳定绿洲和最大绿洲平均温度、最高温度和最低温度的正态分布公式如图 5-4 所示，所有拟合均通过检验（p=0.001）。

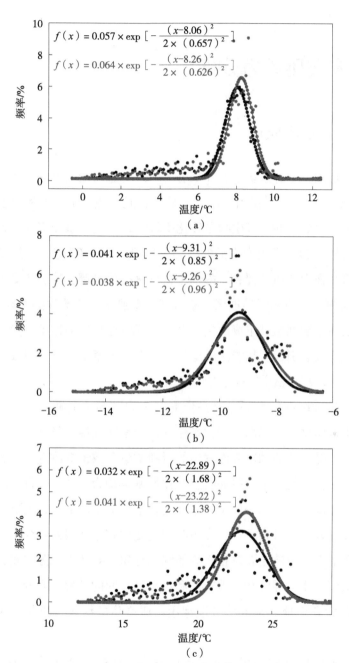

图 5-4　稳定绿洲和最大绿洲分布区域的平均温度（图例同图 5-3）

（a）最大温度；（b）最小温度；（c）分布频率图

5.4　变化驱动力分析

5.4.1　绿洲化成因

　　绿洲是荒漠生态系统中靠外来径流维系生态功能而形成的特殊"高级生态系统"，在这个系统中，以水为核心，光、热、水、土和动植物资源配备得相对较好，能量和生物量转化率较高，人类从事经济活动容易获得成功，必然成为人类生产生活的核心。但绿洲生态系统又相对比较脆弱，绿洲外部有强大的风沙侵袭，内部生物群落结构单调，特别是受水情变化动态的制约。在西北干旱地区，素有"寸草遮丈风，流沙滚不动"之称，形象地说明了绿洲植被组成的生物屏障在绿洲存在中的作用。绿色屏障一旦遭劫，不仅会引起生物群落的退化，生态系统紊乱，且会招致沙漠化的毁灭性灾难，甚至整个绿洲生命的终结。

　　河西走廊绿洲的发展主要是依靠三大内陆河（疏勒河、黑河、石羊河）的水资源供应，绿洲的变化是建立在干旱区气温、降水等大的自然环境条件下，受人类活动影响而发生的绿洲质量和数量的改变。人类活动和自然因素的耦合是干旱区绿洲时空变化最基本动力。其中，自然因素主要是指气温和降水，绿洲一般位于地势比较平缓的平原地区，地形和地貌是绿洲形成和发展的外在条件，在短时间内变化较小，因而对绿洲的影响较小；人类活动的影响主要是指人为的绿洲垦殖，导致水资源空间分布发生改变，从而产生的绿洲和其他土地利用类型之间的转变；或者是人类对地下水的开发和对地表水的不合理利用，所产生的绿洲荒漠化、盐渍化的现象。

　　从河西走廊绿洲面积的变化可以看出，1986—2020年，整个河西走廊的绿洲面积不断扩展，并在2020年达到最大值（16 449.5 km^2）；但是，绿洲的扩张基本以人工绿洲为主，天然绿洲的增加较少。在河西走廊地区，因天然降水无法满足农业绿洲发展的需要，人工开采地下水就成为保障农业绿洲稳定发展的基本途径。在充足的水源供应条件下，农业绿洲的发展速度较快；但当水资源的开发超过一定限度时，会引起地下水位的下降、地表植被的衰亡、土壤盐渍化的加剧等，从而又会对绿洲的发展产生负面作用。从整体上看，河西走廊地区1986—2020年的绿洲不断扩张，但不同流域的气候、地形、水资源禀赋各异，人类对绿洲的开发强度各不相同，绿洲变化和影响因素也存在较大差异。

5.4.2　定量分析

基于灰色关联模型定量分析了绿洲变异的驱动力。由表5-3可知，绿洲扩张与人口、AWD、GDP之间的灰色关联度普遍较高，总体顺序：农村劳动力＞总人口＞AWD＞第一产业＞GDP＞第三产业＞第二产业。

人口的灰色相对程度最高，尤其是农业人口。非农人口的增加直接刺激了城市住宅、商业、工业、交通等相关产业的发展。因此，这个地区的城市土地扩大了。人口增长是绿洲变异的主要因素。近30年来，河西走廊人口从1.06万人增加到507万人，增加了378%，绿洲面积从10 707 km^{2}增加到16 449 km^2，增加了52%。人口的增加将不可避免地导致生存所需的可耕地的增加。

绿洲扩张与AWD的灰色关联度普遍较高，在0.9左右。降水和径流等水资源在绿洲空间扩张中起着重要作用。河西走廊地处典型的干旱区，水资源的有限性是制约河西走廊植被生长和经济发展的最重要因素。由于水资源短缺，河西走廊许多新开垦的农业绿洲难以灌溉。也就是说，水资源不能持续增长。因此，绿洲的AWD与绿洲面积显著正相关。

GDP、第一产业、第二产业、第三产业等经济要素之间的灰色关联度约为0.6，相较于人口、水资源等经济要素的灰色关联度偏低。经济因素中第一产业的灰色关联度最高，为 0.7。单独来看，由于农业绿洲涵盖了研究区大部分行政区域，第一产业的 GDP 显著高于第二、第三产业，农业是其第一驱动力。对于金昌市金川区等资源型城镇而言，第二、第三产业 GDP 与第一产业 GDP 基本相等，第二、第三产业在绿洲发展中发挥了至关重要的作用。

表 5-3　基于河西走廊面板数据的城市扩张与驱动因素关联度（1986—2015 年）

流域	行政区	GDP	第一产业	第二产业	第三产业	人均GDP	总人口	农村劳动力	降水	可利用水
石羊河流域	凉州	0.6	0.64	0.59	0.63	0.62	0.98	0.99	0.91	0.9
	金川	0.58	0.71	0.56	0.61	0.61	0.94	0.92	0.82	0.77
	永昌	0.68	0.73	0.7	0.66	0.68	0.98	0.98	0.95	0.94
	古浪	0.66	0.69	0.62	0.65	0.66	0.92	0.93	0.86	0.83
	民勤	0.69	0.73	0.64	0.69	0.68	0.92	0.92	0.89	0.87
黑河流域	甘州	0.65	0.69	0.63	0.63	0.66	0.98	0.97	0.91	0.92
	肃南	0.66	0.82	0.6	0.71	0.66	0.7	0.74	0.73	0.7
	民乐	0.66	0.72	0.61	0.65	0.66	0.96	0.97	0.95	0.96
	临泽	0.68	0.72	0.67	0.65	0.67	0.93	0.97	0.9	0.9
	山丹	0.67	0.71	0.66	0.64	0.65	0.93	0.93	0.91	0.94
	高台	0.69	0.75	0.65	0.67	0.69	0.95	0.98	0.91	0.93
	嘉峪关	0.68	0.72	0.67	0.65	0.67	0.93	0.97	0.9	0.9
	肃州	0.67	0.71	0.66	0.64	0.65	0.93	0.93	0.91	0.94
	金塔	0.69	0.75	0.65	0.67	0.69	0.95	0.98	0.91	0.93
疏勒河流域	瓜州	0.62	0.72	0.58	0.64	0.67	0.92	0.84	0.82	0.87
	玉门	0.62	0.63	0.62	0.58	0.61	0.86	0.93	0.87	0.89
	敦煌	0.64	0.7	0.62	0.62	0.64	0.92	0.88	0.88	0.91

5.4.3　定性讨论

自然因素和人文因素的耦合是绿洲变化的基本动力。自然因素主要有气候、水文、地形和自然灾害等，为绿洲的形成和发展提供了基本条件；人文因素主要有人口、政策法规、社会经济发展、交通和农业科技进步等，是十分错综复杂的，自人类社会形成以来就越来越强烈，而且加剧了自然因素的作用程度与范围，甚至会掩盖自然因素对绿洲的作用[120]。以下仅对研究区绿洲演变的成因做一些初步的定性分析。

5.4.3.1　自然因素

（1）水资源

"有水是绿洲，无水为荒漠"，对于干旱区内陆河流域来说，水是绿洲生态系统得以维持的决定因素，也是绿洲能够存在的基本条件，水资源量的多寡决定了绿洲面积的大小，水资源量的增减变化会导致绿洲的扩张和衰落[121]，干旱区内陆河流域水资源主要来自上游山区，利用于山前中游灌溉绿洲带，并耗散于下游荒漠绿洲带，且出山径流量很大程度上决定了流域的水资源总量。在目前全球气候变化背景下，中国西北地区气候在20世纪70年代后由暖干型向暖湿型转变[122]，西北中西部河流出山口径流量的变化取决于冰川融水补给量和降水量的变化，气候变暖，降水量增加，冰川融水量也增加，从而使得出山径流量增加[123]，这将直接导致绿洲内可利用的水资源量也增加，在一定程度上支持了绿洲的扩张。此外，水资源量除与流域自身的生态水文过程变化相关外，也与中、上游日益增强的水土资源开发利用程度有关，这也决定了下游绿洲能够获取的水资源。三大流域中疏勒河流域的地表水、地下水的利用率相比其他两个流域都较低，这在一定程度上也影响绿洲整体的分布规模。

（2）地形条件

地形地貌形成于地质历史时期，但其对于整个流域的水、土、植物资源的分异起到了决定性和持续性的作用。不同的地表起伏对耕地利用有很大的影响，其中地面坡度主要影响绿洲内农林牧用地的分布、水土流失状况和城乡建设用地的布局，河西绿洲主要沿河流、灌溉渠系分布于平原区，一般 15° 以下为农耕地的适宜坡度。根据河西地区坡度数据可以发现黑河流域和石羊河流域中、上游均为山前冲积平原绿洲，其山地坡度大多在 25° 以上，这使得山前水资源较丰富，绿洲规模较大，尤其黑河流域，南北高山相夹，绿洲发展被限制在狭长的区域内，绿洲较为集中。疏勒河流域绿洲整体远离高山，周围地势较平缓，坡度均在 20° 以下，绿洲有较为充足的发展空间，但也导致绿洲水源不稳定，易受河流改道的影响，这也是疏勒河流域绿洲整体较为破碎的原因之一。

5.4.3.2 人文因素

（1）人口变化

人口增长对绿洲变化显著，在过去 30 年里，三大流域人口一直处于不断增加的趋势，人口的快速增长将会导致人类生存所需要的农牧产品需求增加。在土地生产力提高有限的情况下，只能不断增加耕地面积来达到需求目的，从而有力地促进了绿洲的扩张。然而一旦过度开荒或放牧，又会出现水资源紧缺、土壤盐渍化加剧、天然植被退化等一系列生态环境问题，造成弃耕和天然绿洲退化。

（2）政策法规

政策对绿洲变化具有强制性，在一段时间内可能始终影响绿洲的变化。20 世纪 70 年代开始，全国大范围实施"生态环境保护"政策，疏勒河流域先后被列为国家"三北"防护林体系工程、防沙治沙工程等生态工程建设的重点区域。20 世纪 90 年代中后期启动"疏勒河流域农业灌溉暨移民安置综合开发项目"，瓜州、玉门两县（市）成为移民的重点区，极大促进了耕地和城乡建设用地的扩张。2000 年以后退耕还草政策的大规模实施，一定程度上减缓了草地缩小的趋势，有利于绿洲整体的稳定。2003 年的"新区建设"政策促使了绿洲中城建用地的快速扩张。

黑河流域从 20 世纪 80 年代初开始，随着改革开放和家庭联产责任制等政策的实施、"商品粮基地建设"项目的支持，以及"两西移民"建设工程等政策影响下，绿洲规模迅速扩张，到 20 世纪 90 年代初期绿洲面积出现小高峰。20 世纪 90 年代后，大规模移民迁入基本结束，同时在计划生育政策影响下，人口数量得到控制，开荒较为平缓。2001 年实行与水资源直接相关的黑河流域分水政策后，在一定程度上改善了下游来水量，这也是 2005 年后下游高台县、金塔县绿洲快速扩张的原因之一。2006 年我国取消农业税，极大地促进了农民的积极性。2009 年实行"三禁"政策，即禁止打井、禁止开荒、禁止移民，对绿洲扩张有一定阻碍。

石羊河流域在 20 世纪 90 年代后期，由于生态问题的严重性，引起了社会各界的广泛关注。2001 年"甘肃省景电二期延伸向民勤调水工程"有效缓解了民勤水资源危机和生态急剧恶化问题。2007 年，《石羊河流域重点治理规划》项目正式实施，规划按照下游抢救民勤绿洲、中游修复生态环境、上游保护水源的总体思路，对石羊河流域进行重点治理，民勤县在此期间实施"关井压田"政策，大量机井被关闭，绿洲因此出现大规模退缩。

（3）经济利益

人类对地表的改造行为除了受水、土、生产力等资源条件的约束外，最主要的是受经济利益的诱惑。20 世纪是市场经济的主导时期，由于经济作物价格远高于粮食作物，在经济利益驱动下，农民自行调整种植结构，扩大种植面积提高自身收入水平，大力推动了绿洲的扩张。在 20 世纪 80 年代后期到 90 年代中期，石羊河流域农民在经济利益的诱导下，推动新一轮垦荒热潮，利用生产中获得的利润，改造旧机井、开发了大片荒地，从而加速了绿洲扩张的进程，尤其下游的民勤县，大规模种植籽瓜等经济作物，绿洲扩张非常迅速。

综上所述，自然因素主要决定了绿洲的存在与分布，人文因素则制约着绿洲进一步的发展与兴衰，所有这些自然因素和人文因素的共同作用，最终导致绿洲演变过程的发生。且由于地域的差异，不同因素在不同时期和地域对绿洲变化的影响也存在不同程度的差异。

5.5　小结

干旱半干旱区绿洲的分布受地形地貌、水文条件和温度热量的限制作用明显。绿洲大部分分布在海拔 1 000～2 000 m，在 1 500 m 左右达到峰值；76% 的绿洲分布在平地，分布在坡地的绿洲主要集中在 5° 以下的地方；绿洲大部分集中在北坡和东北坡，约占 60%，而东坡和西北坡约占 30%。绿洲分布区域的水深 AWD 均超过 400 mm，同时绿洲分布的平均温度为 6～10℃，最低空气温度为 -14～7℃，最大的空气温度为 18～26℃。

河西走廊绿洲面积变化受自然因素和人文因素的共同作用，基于灰度模型分析显示，绿洲扩张与人口、可利用水深、经济发展之间的灰色关联度普遍较高，总体顺序：农村劳动力＞总人口＞AWD＞第一产业＞GDP＞第三产业＞第二产业。其中人口增长和经济利益对绿洲扩张具有促进作用，水资源时空分布和政策法规对绿洲变化具有重要影响。要保护绿洲、发展绿洲，就必须充分认识自然因素和人文因素在绿洲演变中的不同作用，在尊重自然规律的基础上，要趋利避害，探索出干旱半干旱区的绿洲发展与生态保护之路，最终实现不同流域绿洲的可持续发展。

河西地处西北干旱区，石羊河、黑河、疏勒河流域则分布着较大的冲积平原，土壤肥沃，水草丰美，宜农宜牧，是国家实施西部大开发的 9 个重点地区之一。区域内西北紧连库姆塔格沙漠和戈壁，北和东北被巴丹吉林沙漠和腾格里沙漠所包围。气候干旱，降水稀少，年平均降水量由东部古浪县的 150 mm 递减到西部敦煌的 36 mm，而年均蒸发量超过 200 mm，局部地区甚至超过 300 mm。显著的大陆性气候和荒漠，半荒漠植被使区域生态环境十分脆弱，成为制约全区经济社会发展的首要问题。建立完整的防沙治沙体系成为河西地区国民经济可持续发展、生态环境保护与综合治理的一项刻不容缓的工作。

河西地区是西北地区灌溉农业大规模开发最早的流域，是绿洲水土资源开发利用的代表性区域。历史上对河西的开发，有屯垦移民、水资源开发、交通贸易等，其中农业开发是基础，而农业开发主要是对天然绿洲的垦殖，由此导致的天然绿洲向人工绿洲的转化。人类活动已经成为我国西北干旱区历史时期绿洲化、荒漠化过程重要的诱发和驱动因素。绿洲开发不仅改变了土地利用类型，也改变了天然水循环过程，影响地表和地下水转化，进而影响社会经济和生态质量。

1986 年以来，河西地区沙漠化现象仍然存在，因此生态保护和治沙防沙工作是长期而又艰巨的任务。地方政府对河西地区绿洲沙漠化采取了调控与治理措施，如节约用水机制、关井压田、退耕还林、方格固沙、移民，持续恶化的局面虽然得到部分控制，但还没有从根本上得到有效治理。总结过去河西的绿洲变化，提出以下建议：

①增加山前地区的资源利用，扩大上游的绿洲规模。河流出山口是一个流域内河流水量最多的区域，大量侧向外渗使得区域内土壤含水率都比较高，但由于该区域一般地势较高，而且为侧向倾斜面，绿洲的分布较少、规模较小，河西走廊现阶段的绿洲分布仍然集中分布在中部平原地区，对上游地区的土地利用较少。从河西走廊地区目前对水资源的集中利用也可以看出，中下游地区新建人工水库对河流来水量进行储存的较多，上游地区较少有对水资源的控制措施存在，存在大量土地和水资源浪费。在绿洲扩张过程中，山丹县、民乐县以及肃州区下河清乡一带自 2010 年开始对山前平原的开发，产生大面积人工绿洲，而且以喷灌技术代替传统的漫灌措施，提高了水资源的利用效益，说明开辟河流上游土地、加大对上游地区的资源利用是未来绿洲发展的方向之一。

②适当遏制下游绿洲。可以发现，疏勒河流域中下游的瓜州县、黑河流域下游的金塔县，以及石羊河流域下游地区的民勤县，都是近30年的严重沙漠化区域，生态环境不断恶化，究其原因，主要为对水资源的不合理利用导致。这些地区天然植被退化、中部的河道沙化，以及东部的耕地弃耕，均是水资源短缺的后果。民勤县在进行大力的生态治理后虽然有所改观，但若再次进行大面积的绿洲开发，生态环境问题难免会再次产生并加重。因此，下游地区的水资源利用应更进一步节制，绿洲扩张趋势要抑制，不能反弹。

③发展新型产业，提高水资源利用效率，增加生态用水比例。以现代农业科学技术为支撑，通过大力发展资源节约型技术、环境友好型技术，促使高能耗、高污染、高排放低效益的农业发展模式向低能耗、低污染、低排放、高效益的低碳农业经济模式转变，调整农业产业结构，改变水资源利用方式，提高水资源利用效率。在现阶段河西走廊生态环境质量逐步下降的现状下，发展低碳农业、有机农业等，把目前"高投入—高产出—低效率"、环境污染严重的发展方式，向"低投入—高产出—高效率"的发展方式转变，以最少量的物质投入获取农业最大的产出效益，包括经济效益、社会效益、生态效益，提高资源利用率、劳动生产率和土地产出率，节约农业生产投入成本。

④挖掘土地利用潜力，实现土地节约集约利用，稳定优质高效绿洲，抚育过渡带绿洲。在土地资源有限的条件下，深度挖掘土地利用潜力，实现耕地投入产出比的提升是河西走廊绿洲发展的又一主要措施，提高土地的利用效率，缓解因水资源和土地资源紧缺情况下的耕地紧缺现状，形成由节地、节水、节肥、节农药、节种子、节能和农业资源综合循环利用的农业增产方式，由主要依靠增产增效的农业经营方式转变为依靠增产、节约全面增效的农业经营方式。将有限的资源投入长期稳定高产的优质绿洲，对外围低产绿洲进行人工抚育，促使其向半人工或天然绿洲转变，增强其对优质绿洲的保护、滋养功能。

6

绿洲效应特征

6.1 引言

在干旱区，绿洲效应已经被行星边界层的数值模型所证实[9]。通常定义为"绿洲与周围环境相比，由于大量蒸散发引起的冷却岛效应"。随后的几项研究表明，绿洲效应在干旱区普遍存在[10,124]，控制绿洲效应的因素主要有蒸发冷却[125]、植被遮阴[126]和地表能量平衡[10]。此外，绿洲效应改善了区域小气候[127]，尤其显著降低了绿洲温度。大多数关于沙漠绿洲效应的研究都集中在夏季白天的现象上，这主要是因为沙漠环境具有极端夏季气候条件的特点。在中国西北的塔里木盆地进行的一项研究表明，夏季绿洲的空气温度比周围的沙漠要低 3.85～9.08℃[11]。在以色列南部进行的另一项研究表明，绿洲在夏季会产生"绿洲冷却效应"（OCE），OCE的强度取决于天气条件、时间和植被类型的综合影响，范围为 1～4℃[128]。同时 Potchter 等[128]还证明了绿洲在冬季夜间产生了"绿洲加热效应"（OHE），并达到了最高 2℃。尽管已有绿洲效应相关研究，但干旱区绿洲在昼夜尺度和季节尺度上的双重效应，包括 OCE 和 OHE 仍不清楚。目前大部分关于绿洲气候效应的研究集中在夏季绿洲的冷岛效应，关于绿洲在其他季节的气候效应研究较少。

绿洲的土地利用 / 覆盖类型主要包括草地、林地、农田、居民地、湿地、水体等[38,129]，不同土地利用类型的生物物理参数，包括地表反照率、蒸散发等存在较大的差异。绿洲整体呈现的绿洲效应是各绿洲组成部分，即不同绿洲土地利用 / 覆盖所产生的绿洲效应的综合。分别计算不同土地利用 / 覆盖类型造成的绿洲效应，厘清不同绿洲组成部分对绿洲效应的贡献大小，对于绿洲效应的理解有重要的意义。

关于绿洲效应形成机制，目前大多数研究通过对生态环境过程相关方法进行定性分析，主要归因于植被的强烈蒸发，绿洲区较低的反照率，绿洲区的植被遮蔽作用及下垫面的热力性质差异[130]。戈壁或沙漠的比热小，太阳辐射增温快。相反绿洲由于植物相较于戈壁或沙漠比热大，太阳辐射增温慢。尤其是在太阳辐射增温条件下，植物叶面蒸腾加强消耗热量，其增温就更慢了，所以在白天绿洲相较于周围环境是一个"冷源"。夜间戈壁或沙漠其长波辐射降温虽快，但是当绿洲植物枝叶繁茂时，其叶面所造成的长波辐射降温的总有效面积远大于戈壁或沙漠平面的辐射有效面积，这是绿洲在夜间也是一个冷源的原因。

在绿洲效应形成机制方面，学者多从对影响因素的相关统计分析和定性分析进行研究，而未从关注产生绿洲效应的生物物理参数入手，未对绿洲—荒漠这一系统能量物质流动的过程进行定量分析，且在对产生绿洲效应的生物物理机制的研究方面也有待加强。

因此，本章以绿洲整体及组成部分的绿洲效应特征和绿洲效应形成的生物物理机制为研究内容，调查干旱区绿洲在季节和日尺度的气候效应，并分析绿洲效应产生的生物物理机制，以填补目前的认识空白。

因此，本章的目的如下：

①利用河西地区 1986—2020 年绿洲分布数据，分析河西绿洲在过去 35 年的变化趋势，为绿洲效应对绿洲规模响应研究打下基础。

②揭示绿洲整体和组成绿洲的居民点、灌丛、草地、农田和水体等不同土地覆被类型的绿洲效应强度在日尺度和季节尺度上的特征；

③分析在绿洲扩张背景下，绿洲效应强度随着绿洲规模的变化。

6.2　绿洲效应的研究

6.2.1　绿洲效应内涵

从 20 世纪 80 年代起，绿洲效应在国内外得到广泛的研究，Oke[131]

指出植被蒸发使得绿洲与荒漠气候在温度和湿度方面具有差异性，Kai、Matsuda 和 Sato [132] 提出白天的辐射差异是造成干旱区绿洲效应的重要因素。近年来研究人员对以色列 [124,128]、埃及 [133]、叙利亚 [127]、阿曼 [134] 等国干旱区的绿洲气候进行了分析。

国内最早由高由禧 [135] 在河西气象研究中初步观测到"绿洲效应"，苏从先在河西绿洲水热平衡研究中提出了"绿洲冷岛效应"，先后开展的"HEIFE"和金塔实验证实了绿洲相对于周边的荒漠区域具有"冷湿"的区域特征 [130,136]。Hao 和 Li [11] 基于 MODIS 数据研究了塔里木绿洲冷岛效应，指出夏季冷岛效应强度最大达到 9.08℃，秋季次之为 4.24℃。Hao、Li 和 Deng [12] 通过分析夏季塔里木盆地绿洲—荒漠温度，得出气象站记录的观测资料不仅低估了整个干旱半干旱区的温度，而且高估了气温变化的趋势。这是因为绝大多数的气象站点分布在干旱区的绿洲内部，而绿洲效应导致了对背景温度的低估，同时绿洲效应强度的减弱导致了气候变化趋势的高估 [12]。Bie 等 [13] 对河西走廊绿洲 – 荒漠系统全年温度研究后发现绿洲效应的双重特征，即春、夏、秋季节绿洲具有冷岛效应特征，而冬季呈现微弱的热岛效应。为了综合研究不同土地表面的生态水文过程，中国科学院先后在河西走廊开展了流域遥测实验研究（Watershed Allied Telemetry Experimental Research，WATER）和黑河流域遥感联合试验研究（Heihe Watershed Allied Telemetry Experimental Research，HiWATER），这些实验为我们进一步理解非均匀表面的绿洲—沙漠系统提供了新的机会 [137-139]。目前研究绿洲效应的方法主要有三大类：一是数理方法，即通过对历年气象资料进行数理统计，研究绿洲效应的动态和现状 [140]；二是遥感方法，通过热成像卫星影像资料，分析绿洲水热环境的时空特征 [141-144]；三是数值模拟，通过全球或区域数值模型模式，模拟绿洲效应的时空变化规律 [9,145-147]。

在相关研究中，从绿洲效应的最初发现到实验观测，再到遥感监测和模型模拟研究，大多集中在单站点、单区域的定性分析，缺少对绿洲效应在全年，尤其是冬季的研究，对绿洲冷岛湿岛效应强度的定量分析也比较欠缺，从而导致对绿洲效应的格局无论在时间尺度上，还是在绿洲效应的多要素上的研究都不够充分。同时较少有研究对绿洲效应对干旱区气候背景值的估算造成的影响进行评价。

6.2.2　形成机制研究

关于绿洲效应形成机制，目前大多数研究通过对生态环境过程相关方法进行定性分析，主要归因于植被的强烈蒸发，绿洲区较低的反照率，绿洲区的植被遮蔽作用及下垫面的热力性质差异。苏从先等[130]通过大气梯度观测研究认为，绿洲的冷岛效应是绿洲和荒漠下垫面热力性质不同而造成的。戈壁或沙漠比热小，太阳辐射增温快。相反绿洲由于植物相较于戈壁或沙漠比热大，太阳辐射增温慢。加之在太阳辐射作用下，植物叶面蒸腾加强消耗热量，绿洲的增温就更慢了，所以在白天绿洲是一个"冷源"，夜间戈壁或沙漠虽然其长波辐射降温相当快，但是当绿洲植物枝叶繁茂时，其叶面所造成的长波辐射降温的总有效面积远大于戈壁或沙漠平面的辐射有效面积，这是绿洲在夜间也是一个冷源的原因。潘林林和陈家宜[148]利用地气耦合模式模拟了黑河试验期间的绿洲、戈壁和沙漠夜间大气边界层的变化，得出白天的"冷岛效应"的机制是绿洲白天强烈的蒸发作用和绿洲与荒漠热力性质的差异，而夜间的"冷岛效应"的形成原因在于绿洲风速较小与夜间蒸发。

在绿洲效应形成机制方面，学者多从对影响因素的相关统计分析和定性分析研究，而未从关注产生绿洲效应的生物物理参数入手，未对绿洲—荒漠这一系统能量物质流动的过程进行定量分析，且在对产生绿洲效应的生物物理机制的研究方面也有待加强。

6.2.3　多维模拟研究

高分辨率中尺度模式 WRF（Weather Research and Forecasting Model）进行绿洲效应模拟和预估研究是目前研究的热点[15,144,149-151]。该模式是由美国国家大气研究中心（NCAR）小尺度气象部（MMM）、美国国家大气海洋局（NOAA）预报系统试验室、国家大气环境研究中心（FLS）预报研究处（FRD）和俄克拉荷马大学（OU）暴雨分析预报中心（CAPS）4 部门于 1997 年联合发起，诸多单位共同参与了研发工作，重点用于开展分辨率为 1～10 km 的数值模拟。Wen 等[149] 和潘小多等[151] 利用高精度的 MODIS 土地利用数据替换 WRF 模型中的 USGS 数据，并且利用站点观测的土壤温度和水分初始化 WRF 模型，用来提高绿洲效应模拟的精度。通过和地面观测比较发现，增强的 WFR 模型得到了更高精度的空气温度、相对湿度、风向、热通量等模拟结果，为更为准确地描述绿洲"冷岛湿岛效应"提供数据基础。同样地，将真实的观测值（包括土地利用土地覆盖类型、反照率、叶面积指数、植被覆盖度）替换 WRF 模型中默认的数据集后，会大幅提升对气温、相对湿度、潜热通量和风速等气象参数的模拟精度[15]。Georgescu 等[144] 基于 WRF 模型对美国凤凰城地区的绿洲效应进行了研究，通过对人工地物类型用自然地表替换发现相邻条件（比如土壤水分、土地覆盖类型等）对绿洲效应起到主要的作用。随着气候变化和政策调整，干旱区未来土地利用/覆盖会发生改变[152,153]。而作为大气的下边界条件，土地利用/覆盖通过直接改变地表辐射收支和通过地表过程的水热交换来调节当地/区域的天气和气候[154]。Chen、Ma 和 Zhao[155] 利用 WRF 模拟了中国干旱半干旱区植被退化后的气候效应，得出随着植被退化，夏季净辐射和净蒸发量减少，这和该区域气温增加而降水减少相一致。目前学者在利用 WRF 进行土地利用变化或绿洲变化产生的气候效应研究中，多集中在短期粗分辨率的模拟，同时在模拟中对于绿洲规模、格局和地表参数变化带来的气候效应的研究较少，基于高精度的预测模型对绿洲变化进行情景分析对于绿洲规划和管理很有必要。

6.3　数据资料

6.3.1　遥感数据

本研究涉及的 MODIS 产品包括 MODIS 8 天地表温度产品、MODIS 年土地覆被产品、MODIS 8 天合成的蒸散发产品和 MODIS 反照率产品。

MODIS 8 天地表温度产品为 MOD11A2 V006，通过对 8 天内晴天中的 1 km 分辨率的每日地表温度产品 MOD11A1 取平均值，合成为 1 km 分辨率的地表产品。MODIS 地表温度采用广义裂窗算法对两个热红外波段（31 波段，波长 10.78～11.28 mm；32 波段，波长 11.77～12.27 mm）进行了优化，将大气柱水汽和较低边界空气表面温度区间分离为可控制的子区间。地表发射率由土地覆被类型通过查找表法估算，云层通过 MODIS 云掩膜数据产品（MOD35 L2）进行掩膜。LST 产品通过实地观测和基于辐射的验证研究进行验证。

MODIS 年土地覆盖产品 MCD12Q1 V006 刻画了年土地覆盖特征，分辨率为 500 m，通常用于提取全球或区域的土地覆被。该产品土地覆被产品有 5 个分类体系，其中，国际地圈—生物圈计划（IGBP）分类体系被认为是最适合中国干旱区的方案 [158]。IGBP 分类精度在全球范围内可以达到 75%（95% 的置信水平）[159,160]。在本研究中，将 MODIS 土地覆被产品 MCD12Q1 IGBP 分类图层根据研究区土地覆被特征划分为荒漠、居民地、灌丛、草地、农田和水体 6 类。根据研究区 MCD12Q1 IGBP 分类产品的特点，将部分类别进行合并，将稠密灌丛（代码 6）和稀疏灌丛（代码 7）合并为灌丛，将农用地（代码 12）和农用地 / 自然植被（代码 14）合并为农田。经合并，研究区包含 6 类主要地物类型，分别为荒漠、居民地、灌丛、草地、农田和水体，表 6-1 显示了合并的 6 种地物类型和相对应的 IGBP 编码，以及各地物类型的面积和占比。

表 6-1 研究区土地覆被类型及其所占面积比例

土地利用类型	IGBP 编码	面积 /km²	占比 /%
荒漠	16	290 432	57.66
居民地	13	319	0.06
灌丛	6、7	39 868	7.91
草地	10	165 977	32.95
农田	12、14	6 989	1.38
水体	0	40	0.01

MODIS 蒸散发产品为 MOD16A2 V006，它不依赖于 MODIS LST 产品，是由土地覆盖、叶面积指数、空气温度、气压、空气湿度和净辐射等作为输入数据的产品[161]。MODIS ET 与涡流通量塔观测的 ET 相比，平均绝对偏差约为 0.3 mm/d[162]。本研究中使用的 MODIS 反照率产品为 MCD43B3，包括黑色天空反照率和白色天空短波宽带反照率（0.3～5.0 μm），2016 年空间分辨率为 1 km，间隔为 8 d[163]。在本研究中，我们使用的是白色天空反照率，MODIS 反照率的误差大多小于 5%[161]。

MODIS 图像以 HDF-EOS 格式组织，并在正弦投影系统中进行投影。MODIS 图像的预处理是使用 MODIS 重投影工具（MRT）进行的。该工具使用 1984 年世界大地测量系统基准，将 MODIS 图像重投影到通用横向墨卡托投影。质量标志 QC 信息被用来确定 MODIS 产品数据的有用性，本研究只使用了高质量的像素。所有产品的时间范围为 2016 年和 2017 年 1 月、2 月，部分遥感产品的时间分辨率、空间分辨率、数据精度等汇总见表 6-2。

表 6-2　遥感产品信息汇总

序号	参数	符号	遥感产品	时间分辨率	空间分辨率	时间范围	精度（误差）
1	地表温度	LST	MOD11A2	8 d	1 km	2016 年	±1 k
2	土地覆被类型	LUCC	MOD 12Q1	1 a	500 m	2016 年	75%
3	蒸散发	ET	MOD16	8 d	1 km	2016 年	0.3 mm/d
4	反照率	Albedo	MCD43B3	8 d	1 km	2016 年	＜5%

6.3.2　黑河实验数据

本书用到的地面观测数据主要源于黑河生态水文遥感试验（Heihe Watershed Allied Telemetry Experimental Research，HiWATER）。该项目于 2012 年 5 月在黑河流域启动，研究干旱生态系统的水文。其目标是"为占世界陆地面积 11.4% 的内陆河流域的水安全、生态安全和可持续发展提供基础理论和技术支持"[137]。观测的范围覆盖黑河的上游高寒草地、中游人工绿洲和荒漠和下游的荒漠。这些监测站配备了涡流协方差系统、大口径闪烁计、宇宙射线中子探测器和无线传感器网络。无人机还对该地区进行了空中调查，并在黑河沿岸的各种生态系统（包括高山地区、湿地地区、干旱地区、自然和人工绿洲）进行了更密集的短期分析。这些数据可以在网上免费获取，HiWATER 项目已经出版了几十份关于干旱地区水文和气象学的出版物[137,139,164-166]。

本书研究数据包括气象数据、能量通量数据，时间上选择 2016 年全年和 2017 年 12 月数据，该数据可在西北数据中心（http://westdc.westgis.ac.cn/）免费申请下载。气象数据和涡动相关数据源于架设在绿洲中和荒漠中的自动气象站（Automatic Weather Station，AWS）和涡动相关分析仪（Ebby Covariance，EC）。

本书所用的自动气象站和涡动系统分别来自 HiWATER 黑河流域上游、中游和下游观测体系，AWS 和 EC 成对配置共 9 个，垭口、阿柔、大沙龙位于黑河流域的上游，主要植被类型为高寒草甸。大满站、湿地站、花寨子站位于黑河流域中游，属于 HiWATER 在张掖市大满—盈科灌区试验场，下垫面类型包括农田、湿地、荒漠等类型。荒漠站、混合林站和四道桥站位于黑河下游，主要植被类型为灌丛和荒漠，观测站点相关信息见表 6-3。

表 6-3　自动气象站和涡动系统站点相关信息

序号	名称	经度 /（°）	纬度 /（°）	海拔 /m	下垫面
1	垭口	100.242 1	38.014 2	4 148	高寒草甸
2	阿柔	100.464 3	38.047 3	3 033	高寒草地
3	大沙龙	98.940 6	38.839 9	3 739	高寒草甸
4	大满	100.372 2	38.855 5	1 556	玉米地
5	湿地站	100.446 4	38.975 1	1 460	芦苇湿地
6	花寨子	100.320 1	38.765 9	1 731	荒漠
7	荒漠站	100.987 2	42.113 5	1 054	荒漠
8	混合林	101.133 5	41.990 3	874	柽柳、胡杨
9	四道桥	101.137 4	42.001 2	873	柽柳

6.4　研究方法

6.4.1　绿洲效应强度分析

绿洲效应强度反映的是绿洲对绿洲区温度的影响，本书通过绿洲像素的温度均值减去荒漠背景像素温度均值得到，具体公式如下：

$$OEI = LST_{\text{oasis}} - LST_{\text{desert}} \tag{6-1}$$

其中，*LST* 为绿洲和荒漠的地表温度，不同地物的 *LST* 是通过地物类型数据层和 *LST* 数据层空间统计得到的，每一个绿洲像素对应一个地表温度像素，*OEI* 为绿洲（包括聚落、灌丛、草原、农田、水体以及整个绿洲）与周围荒漠地表温度 *LST* 的差值。如果 *OEI* 是负的（绿洲比荒漠冷），那么该地表呈现绿洲效应（OCE）。如 *OEI* 为正，则呈现为绿洲暖岛效应（OHE）。*OEI* 绝对值越大，OCE 或 OHE 越强烈，反之亦然。本研究中温度指标采用 MODIS LST 产品，因此得到的 OEI 在量级上比通常报道的 2 m 空气温度变化更大 [12]。

为了研究绿洲效应强度，本书选择河西绿洲及其周边荒漠为研究区，该区域从南边祁连山山脚开始向北延展，地势相对平坦，海拔高度为 1 300～2 500 m，主要土地覆被类型包括居民地、灌木、草原、农田、水体和荒漠。该地区为干旱大陆性气候，年平均降水量不超过 200 mm，主要发生在夏季，年潜在蒸发量为 1 500～3 200 mm [95]，包括 3 个相对独立的内陆河流，从东到西依次为石羊河、黑河和疏勒河，这些河流是该区域自然绿洲和人工绿洲的重要水源。

6.4.2　强度和温度回归分析

本书采用单变量线性回归，以绿洲 *LST* 为自变量，*OEI* 为因变量，分析 *OEI* 和 *LST* 的关系。此外，为了研究不同的土地利用 / 覆盖类型对 *OEI* 和 *LST* 的影响，本书分别对不同的类型做回归。具体公式如下：

$$OEI = a(LST) + b \qquad (6\text{-}2)$$

其中，*a*、*b* 为回归系数。

为了确定在日变化的基础上 *OEI* 和 *LST* 关系中的变异性，两个变量的时间序列根据 MODIS 的过境时间被分为昼和夜序列。为了进一步分析季节变化对不同 LCTs 内 *OEI* 与 *LST* 关系的影响，为每个 LCT 创建了季节性的昼夜时间序列。季节性 *OEI*、*LST*、*albedo*、*ET* 等参数来自对应月份的平均值。根据当地物候，春季为 3—5 月，夏季为 6—8 月，秋季为 9—11 月，冬季为 12 月—次年 2 月 [167]。

6.4.3　遥感云计算方法

由于研究数据的时间序列长、覆盖面积广，采用传统分析方法，将全部遥感产品下载到本地进行存储和计算：一是会占用较大的存储空间；二是在下载数据过程或数据预处理过程中占用大量的时间；三是计算的方法和结果不便于分享和检验。2010 年以后，随着海量遥感数据的产生和高性能分布式计算的出现，大量的遥感云计算平台应运而生，其中国外的有 Google Earth Engine（GEE）、NASA Earth Exchange（NEX）和笛卡尔实验室的 Descartes Labs、Amazon Web Service，国内的有航天宏图的 PIE Earth Engine 和中国科学院的 CAS EarthDataMiner 等。目前 GEE 平台是遥感云计算平台中最为成熟，应用最为广泛的免费遥感云计算平台。因此本书利用谷歌地球引擎 Google Earth Engine（earthengine.google.com）平台进行数据的处理和计算。GEE 以其丰富的遥感产品、强大的后台计算能力、完善的开发环境和免费的优势受到了广大研究者的欢迎。对于用户而言，GEE 的运行流程分为以下 4 个步骤（图 6-1）：

①用户在代码编辑器编写代码；

②通过 Java 版 API 或 python 版 API 发送到 GEE 后台；

③ GEE 根据代码逻辑分配到不同服务器操作；

④计算的地图结果返回给编辑器地图界面，计算结果打印到窗口，存储数据导到 Google Driver、Google CloudStorage 或 Google Assets。

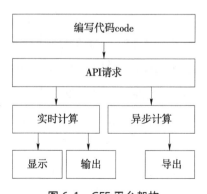

图 6-1　GEE 平台架构

6.5 绿洲效应特征

6.5.1 年尺度特征

基于 MODIS 地表温度产品，对绿洲区和荒漠区的地表温度进行空间统计分析，得到绿洲区、绿洲不同土地覆被类型和荒漠区的地表温度平均值，以荒漠区地表温度为背景，计算不同土地覆被类型的绿洲效应强度。

在统计地表温度和绿洲效应强度时，计算所有该类地物的像素值平均值和标准差，如图 6-2 所示。研究区绿洲和荒漠的地表温度呈现单峰变化。荒漠白天的 LST 全年变化显著，最低温度为 -5℃，发生在第 28 天（DOY=28），最高温度发生在第 225 天（DOY=225）接近 50℃。夜间荒漠 LST 和白天趋势相似，但温度波动范围较小，维持在 -20~20℃。由于绿洲较大的热容量能对温度进行调节，绿洲 LST 年际变化和昼夜差异较为适中，整个绿洲日间最大 LST 为 40℃，夜间最大 LST 为 20℃，发生在第 220 天（DOY=220）左右，日间最小 LST 为 -5℃，夜间最小 LST 为 -22℃，发生在 DOY 为 22 天左右［图 6-2（f）］。

绿洲与荒漠 LST 的差值 OEI 与 LST 呈同步趋势，即 LST 越大，OEI 的绝对值越大。整个绿洲白天和夜间 OEI 最大值分别为 -15℃和 -4℃，发生在 DOY 为 220 天左右，OEI 最小值分别为 0.5℃和 0.4℃，发生在 DOY 为 22 天左右［图 6-2（f）］。植被区域包括灌丛、草地和农田的 LST 和 OEI 趋势相似，水体由于较大的比热容，其增温和降温幅度较为平缓，昼夜之间差异较小。但是水体和荒漠性质的巨大差异导致了水体白天的 OEI 较大［图 6-2（a）～（e）］。

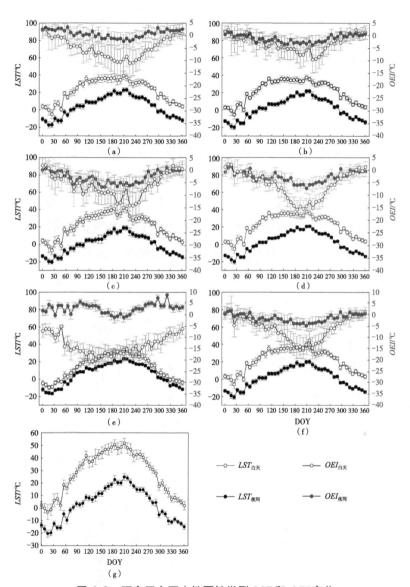

图 6-2　研究区主要土地覆被类型 *LST* 和 *OEI* 变化

（a）居民地；（b）灌丛；（c）草地；（d）农田；（e）水体；（f）整体绿洲；（g）荒漠

注：图中黑色实心点和黑色空心点分别代表夜晚和白天的地表温度，红色的实心点和红色空心点分别代表夜晚和白天的绿洲效应强度，数值为所有该类地物地表温度或绿洲效应强度值的平均值，灰色误差线为标准差。

6.5.2　季节尺度特征

6.5.2.1　绿洲冷岛效应（OCE）

图 6-3 展示了各绿洲土地覆被类型的绿洲效应强度的季节变化，整体绿洲在春、夏、秋 3 个植被生长季的白天和夜晚均呈现出 OCE，夏季白天 *OEI* 高达 13℃，春季和秋季白天 *OEI* 分别为 5.2℃和 4.5℃。夜间的 OCE 与白天有所不同，虽然在相应的季节都有观测到，但强度相对较小，夜间 *OEI* 最高的是夏季，为 3.3℃，其次是春季和秋季，分别为 1.4℃和 0.6℃（图 6-3）。

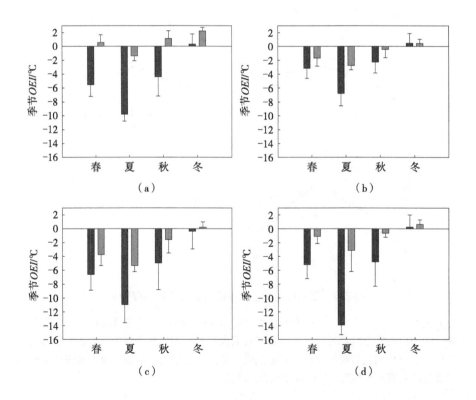

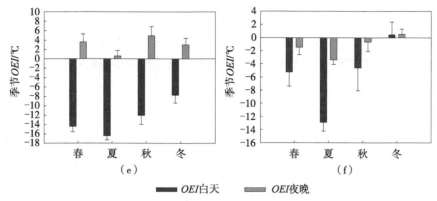

图 6-3　各绿洲类型绿洲效应强度的季节变化

（a）居民地；（b）灌丛；（c）草地；（d）农田；（e）水体；（f）绿洲

　　不同绿洲类型的 OCE 变化趋势和绿洲整体基本一致，但是不同类型的 OCE 呈现不同的特点（表 6-4）。植被（灌木、草地和农田）的 OCE 特征相似，但 OCE 强度不同，在植被生长季节白天，不同植被的 *OEI* 顺序为农田＞草地＞灌丛，夜间其次序为草地＞农田＞灌丛。农田的 *OEI* 在夏季白天达到最大值为 13.8℃，其次为春、秋季节，分别达到 5.11℃和 4.79℃。夜间 *OEI* 在夏季、春季、秋季分别为 -3.09℃、-1.04℃、-0.6℃。

表 6-4　各类型绿洲不同季节冷岛效应强度大小

绿洲类型	春季		夏季		秋季		冬季	
	白天	夜晚	白天	夜晚	白天	夜晚	白天	夜晚
居民地	-5.54	0.55	-9.80	-1.35	-4.37	1.13	0.30	2.27
灌丛	-3.14	-1.65	-6.76	-2.74	-2.21	-0.42	0.41	0.43
草地	-6.61	-3.75	-10.97	-5.39	-4.95	-1.55	-0.36	0.20
农田	-5.11	-1.04	-13.79	-3.09	-4.79	-0.60	0.23	0.63
水体	-14.33	3.73	-16.34	0.54	-12.04	4.93	-7.80	2.98
绿洲	-5.23	-1.43	-12.81	-3.34	-4.56	-0.60	0.43	0.54

　　居民地的 *OEI* 在白天与整个绿洲相似［图 6-3（a）］。由于水体独特的

水热性质，其具有全年最强的 *OEI*，春季至秋季 *OEI* 均高于 12℃，冬季最低，为 7.8℃［图 6-3（e）］，由于水体有较大的热容，在白天储存短波辐射，因此，地表温度低于周围环境，全年白天都能观测到很强的 *OEI*。

6.5.2.2　绿洲暖岛效应（OHE）

绝大多数研究聚焦在绿洲冷岛效应[127,149,168-170]，绿洲的热岛效应相关报道不多。与 OCE 相比，绿洲的白天和夜晚的 OHE 特征有较大差异（图 6-3），绿洲在冬季呈现微弱的 OHE，白天和夜晚的 *OEI* 分别为 0.4℃和 0.5℃［图 6-3（f）］。除水体外，其余土地覆被类型在冬季的白天和夜晚均有观测到 OHE，但 *OEI* 绝对值较小。对于居民点来说，除夏季外，其他季节都能观察到 OHE。水体在全年的夜间都出现了较强的 OHE，尤其是春季和秋季，夜间暖岛效应最为强烈，其次为冬季和夏季（图 6-3）。

6.6　小结

本章利用 RS 和 GIS 技术，在 30 m 分辨率的 Landsat 影像基础上，解译获取了从 1986—2020 年每 5 年一期的共 8 期河西绿洲分布数据。在此时间序列数据的基础上，首先分析了过去 35 年的绿洲整体面积净变化和每期绿洲增加减少情况，结合研究区数字高程模型，通过空间分析方法，分析了绿洲分布的地形特征。其次在 MODIS 地表温度产品基础上采用空间统计技术，分别提取绿洲区和荒漠区的地表温度，计算整体绿洲和不同绿洲土地覆被的绿洲效应强度。最后采用相关分析方法，研究绿洲效应对绿洲规模扩张的响应。具体结论如下：

①河西地区绿洲面积由 1986 年的 10 708 km² 增加到 2020 年的 16 449.60 km²，近 35 年以来扩大了 52.6%，河西地区三大流域的绿洲变化总体上呈现扩张趋势。绿洲大部分分布在海拔 1 000～2 000 m，在 1 500 m

左右达到峰值；76%的绿洲分布在平地，分布在坡地的绿洲主要集中在坡度小于 5°的地方；绿洲大部分集中在北坡和东北坡，约占 60%，而东坡和西北坡约占 30%。

②不同绿洲类型的 LST 和 OEI 差异显著。绿洲的 LST 和 OEI 绝对值大小受季节和日变化的影响。绿洲白天的 LST 和 OEI 的高峰都在夏季，紧接着是春季、秋季和冬季。绿洲夜间 LST 和 OEI 值与白天相比有明显差异。植被包括灌木林、草地和农田，具有相似的 LST 和 OEI 特征。

③OCE 在绿洲中占主导地位，但 OHE 也不能被忽视。绿洲在春季、夏季和秋季都表现为 OCE，白天的绿洲效应强度在春、夏、秋 3 个季节分别为 -5.23℃、-12.81℃和 -4.56℃，夜晚的冷岛效应较弱，分别为 -1.43℃、-3.34℃和 -0.6℃。在冬季，OHE 占主导地位，除水体和草地外，绿洲在白天和夜间均出现 OHE，其中绿洲整体热岛效应强度为 0.43℃，夜晚则为 0.54℃。绿洲在植被生长季呈现为强烈的 OCE，在冬季呈现为较弱的 OHE。同时，OCE 在白天表现得比夜间强很多，而 OHE 白天和夜晚的幅度均相对较小。

④随着绿洲面积的扩大，夏季白天的冷岛效应有明显增强的趋势，绿洲面积和 OEI 相关系数平方和为 0.85，通过显著性检验。夏季 OEI 以及冬季热岛效应没有明显变化趋势，绿洲面积扩大对冬季 OEI 影响微弱。

7 三维绿洲效应

7.1 引言

目前研究土地利用 / 覆被的气候效应主要有 3 种方法：一是基于观测资料的方法，包括传统气象站[142]和综合环境观测网[171,172]，利用长期的定点气象观测资料来分析不同地表覆盖的气候效应；二是基于大范围遥感观测的热环境研究[141,173,174]，即利用遥感地温、气温反演技术，对不同土地覆被引起的温度效应进行分析；三是采用数值模拟方法，模拟连续的、高精度、高分辨率气象要素，精细地描述绿洲效应的时空特征、解释造成绿洲效应的因素。此法已经成为研究气候效应的主要手段[15,149,151,175-177]。

数值模式将物理学定律应用在气象模拟和预报研究中，极大地提升了人们认识和预报天气的能力，从 20 世纪初提出理论框架以来得到了快速的发展。全球环流模式（GCMs）在全球气候变化中已经非常成熟，特别是在评估温室气体增长对全球气候增温的贡献方面[178]。GCMs 从宏观尺度上分析全球气候特征和全球变化，但由于其分辨率粗，难以在中小尺度上反映气候变化。拥有更高空间分辨率和完善物理机制的区域气候模式，较全球环流模式在模拟中小尺度气候差异上更有优势。因此，区域气候模式成为研究局部气候变化的重要工具，在全球范围内得到了广泛的应用。中尺度数值模式 WRF（weather Research and Forecast Models）在区域气候模式中应用非常广泛，该模式是由美国国家大气研究中心（NCAR）、中小尺度气象处（MMM）、国家环境预报中心（NCEP）的环境模拟中心（EMC）、预报系统试验室的预报研究处（FRD）和俄克拉何马大学的风暴分析预报中心（CAPS）5 部门联合发起新一代高分辨率中尺度天气研究预报模式，开发计划重点解决分辨率为 1～10 km、时效为 60 h 以内的有限区域天气预报和模拟问题。WRF 在发展过程中由于科研和业务的不同需求，形成了 ARW（the Advanced Research WRF）和 NMM（the

Nonhydrostatic Mesoscale Model）两个版本（https://www2.mmm.ucar.edu/wrf/users/download/get_source.html）。

利用数值预报开展绿洲效应研究始于 21 世纪初，主要是利用中尺度非静力平衡模式。潘林林和陈家宜[147] 利用一维地气耦合模式，结合大气长波辐射的影响，模拟了黑河实验 HEIFE 绿洲、荒漠大气边界层的演变，首次对"绿洲效应"现象作出解释，得出夜间绿洲效应形成的原因主要是夜间蒸发和较小的风速，推翻了将夜间绿洲效应归因于辐射方面差异的论断。2003 年，中国科学院的吕世华采用 NCAR 二维数值模式模拟研究了绿洲和沙漠下垫面状态对大气边界层特征的影响，发现绿洲的冷湿水汽是绿洲边缘沙漠降水的重要来源，同时对绿洲和荒漠环流形成机理进行了研究，得出由于绿洲地面蒸发引起的"绿洲风"驱动了绿洲—沙漠环流的形成[146]。

再分析资料在天气数值模拟中，作为全球观测资料的替代应用越来越广泛。再分析资料同化了多种遥感卫星观测数据、地面观测数据和数值天气预报结果，被视为真值，同时它时间跨度长、时间分辨率和空间分辨率具有很大优势。NCEP FNL（final）资料为每 6 h 准备一次的 $1° \times 1°$ 网格上的全球分析数据。该产品来自全球数据同化系统（GDAS），该系统持续从全球电信系统（GTS）和其他来源收集观测数据，它与 NCEP 在全球预报系统（GFS）中使用的模型相同，但它是在 GFS 初始化后约 1 h 计算的，以便更多的观测数据可以使用，生成最终的 FNLs。垂直层从 1 000 hPa 到 10 hPa 共 26 层，参数包括地表压力、海平面压力、位势高度、温度、海表温度、土壤值、冰层覆盖、相对湿度、$u_风$ 和 $v_风$、垂直运动、涡度和臭氧（https：//rda.ucar.edu/）。ECMWF 细网格模式预报场资料的空间分辨约为 31 km（$0.25° \times 0.25°$），时间间隔为 3 h，从 1 000 hPa 到 10 hPa 共 19 层（https://rda.ucar.edu/）。

目前，国内外绿洲效应研究主要采用中小尺度模型嵌套的数值天气预报结果，最常见的是基于 WRF 模式进行中小尺度绿洲效应研究。WRF 模式作为国际上最为先进的数值预报模式，被广泛地应用于高精度的气象气候模拟，进而为研究绿洲效应提供温度场、湿度场、风场、能量场等数据。如 Georgescu 等 [144] 利用 WRF 评估了美国凤凰城近夏季的地表温度日循环，在 7 月对凤凰城进行高分辨率（网格间距为 2 km）的天气数值模拟，并且模拟了不同的下垫面替换方案进行情景分析。为了更精准地使 WRF 能够重现绿洲观察到的"冷岛和湿岛"效应，Wen 等 [149] 利用 MODIS 卫星土地利用 / 覆被产品替换 WRF 中原有的 USGS 土地利用覆盖数据，对甘肃金塔绿洲的小气候特征和非均匀表面产生的局地热环流进行了数值模拟。结果表明，将 MODIS 土地利用 / 覆被数据与 WRF 数据进行整合，对 WRF 的土壤温湿度进行原位初始化，改善了对气温、相对湿度和热通量的模拟精度。同时部分学者在考虑绿洲效应时，分析了绿洲周边的山体对绿洲效应的影响，Zhang 等 [169] 利用 WRF 模式，对天山北麓的绿洲效应进行了 4 种情景的数值模拟。第一种默认情景是基于 WRF 模式数据集；第二种实际情景是土地利用产品用实际遥感卫星产品进行替换；第三种无绿洲情景是将模拟区内的绿洲用沙漠所代替，其他参数和实际情景相同；第四种非山地情景是将周边的山地移除，即将所有格网的高程值设为 300 m 的恒定值。结果表明，天山山脉对绿洲具有降温润湿作用，山风使绿洲"冷湿岛"效应在夜间向绿洲—沙漠过渡带延伸，有利于过渡带植物生长。此外，还有一些基于 WRF 模式的绿洲效应研究在河西走廊 [143, 146, 151, 179, 180]、黄土高原 [181-183]、青海湖流域 [184]、新疆 [185] 等地展开研究。

　　本研究利用区域气候模式模拟干旱区高精度、高分辨率、多维度的气象参数，分析绿洲‒荒漠系统的能量、物质流动，刻画绿洲效应在日尺度上的特征，探索绿洲效应在垂直结构上的分布及强弱，进一步分析形成绿洲效应的机理。

7.2　数据资料

再分析资料用于 WRF 模式模拟。其中 NCEP FNL（final）数据是利用全球同化系统（GDAS）计算的全球分析场资料，空间分辨率为 $0.25° \times 0.25°$，垂直分辨率为从 $1\,000 \sim 10$ hPa 分为 26 层，时间分辨率为 6 h。该产品来自全球数据同化系统（GDAS），该系统持续从全球电信系统（GTS）和其他来源收集观测数据，被用于许多分析。这些数据与 NCEP 在全球预报系统（GFS）中使用的模型相同，但它们是在 GFS 初始化后约 1 h 准备的。FNLs 被延迟，以便更多的观测数据可以使用。气象参数包括地表压力、海平面压力、位势高度、温度、海表温度、土壤值、冰层覆盖、相对湿度、$u_风$ 和 $v_风$、垂直运动、涡度和臭氧。

7.3　研究方法

数值模式在绿洲效应等需要高分辨率区域气象数据的应用中展示了重要的潜力，中尺度数值模式 WRF 是由 NCAR 和 NCEP 共同开发的下一代中尺度预报模式和资料同化系统，在区域天气模拟中取得了很好的应用。WRF（Weather Research Forecast）开发计划重点解决分辨率为 $1 \sim 10$ km、时效为 60 h 以内的有限区域天气预报和模拟问题。该计划由美国国家自然科学基金会（NSF）和美国国家海洋和大气管理局（NOAA）共同支持。WRF 在发展过程中由于科研与业务的不同需求，形成了两个不同的版本：一个版本是在 NCAR 的 MM5 模式基础上发展的 ARW（Advanced Research WRF）；另一个版本是在 NCEP 的 Eta 模式上发展而来的 NMM（Nonhydrostatic Mesoscale Model）。

WRF 之所以被广泛地应用主要有以下 4 个特点：

①适合于全球各地，有极射赤面投影、兰伯特正形圆锥投影麦卡托投影和经纬度投影嵌套等地图投影，能够在不同的纬度地区应用，同时可以提供分辨率可变的地形和地表分类资料。

② WRF 是一个完全可压的、非静力模式，控制方程组都写为通量形式。

③采用了成熟和新的物理参数化方案，模式加入最新发展的一些物理过程参数化方案，如辐射、边界层、对流、次网格湍流扩散以及微物理等过程的参数化方案。由于 WRF 模式的模拟重点是 1~10 km 的中小尺度系统，因此，WRF 包含了一套适合分辨率为 1~10 km 的大气物理参数化方案。

④灵活的资料输入输出，WRF 可以根据自己的需求输入 NCEP、EAR40 等资料，模拟结果可以方便地耦合到全球模式 GCM 和其他模式。

本章主要利用 2018 年 6 月发布的 WRF 模式 ARW V4.0 版本开展河西地区绿洲气候效应研究。尽管 WRF 模式能够实现三维立体、高时空分辨率的区域气候模拟[186,187]，但在将 WRF 模式应用于异质性大的绿洲—荒漠生态系统时，必须对数值模式的陆面资料和参数化方案进行优化，降低模拟误差，提高模拟精度[151,188-190]。WRF 是非静力平衡的数值模式，采取地形追随静力气压垂直坐标，即 σ 坐标。

$$\eta = \left(P - P_{\text{top}} \right) / \left(P_{\text{bot}} - P_{\text{top}} \right) \qquad (7\text{-}1)$$

其中，P 为某一层的气压，P_{top} 为模式顶层气压，P_{bot} 为地面气压。为了消除 σ 坐标中地形对模拟误差的影响，在 WRF 新版本中使用 $\sigma\text{-}p$（sigma—pressure）坐标（Park 等，2013）。

7.3.1　WRF 处理流程

WRF 模式具有高度模块化特点，在运行时主要分为 3 步，分别为 WRF 预处理过程、主模式模拟计算过程和结果后期处理过程。预处理过程负责将植被、地形和土壤等静态数据以及多源观测资料融合生成边界场和初始场。主模式模拟计算过程是对初始场进行读取，设定积分步长，进行垂直分层，调用参数化方案，数值计算并输出相应结果。WRF 模式在处理过程中具体由 geogrid.exe、ungrib.exe、metgrid.exe、real.exe、wrf.exe 等命令完成。结果后期处理是将 WRF 模拟结果转换成需要的数据格式，并借助数据分析和可视化工具进行统计分析和可视化表达。NCL 是最常用于气象数据分析和可视化的解释性语言，随着 Python 的发展，NCAR 决定停止 NCL 的更新，并采用 Python 作为未来开发分析和可视化工具的脚本语言平台（http://www.ncl.ucar.edu/），本章 WRF 后处理主要利用 Anaconda 平台下的 PyNCL 和 GeoCAT 模块（https://geocat.ucar.edu/）。

7.3.2　参数化方案

准确的陆面资料对提高 WRF 模拟精度至关重要，WRF 默认初始场的地形资料、土地利用类型、植被覆盖度和土壤水分等资料分辨率较粗、时效性较差。本研究用包括 SRTM 地形、MODIS 土地利用、MODIS NDVI 植被覆盖度和 HWSD 土壤类型资料的陆面资料替换 WRF 模式自带数据。区域气象站验证数据来自黑河生态水文遥感试验自动气象观测站和气站站点观测数据，具体站点信息见第 2 章。

WRF 模式采用大量的物理参数化方案，可以对不同区域不同气象条件环境进行模拟。在中国西北干旱地区，WRF 模拟能力经过了多个实验的检验，本章通过文献对比和试验最终选择以下参数化方案[151,169,179,188,191,192]，见表 7-1。

表 7-1　主要参数化方案选择

物理过程	参数化方案
微物理过程	WSM6 方案
长波辐射物理过程	RRTMG 方案

物理过程	参数化方案
短波积云辐射物理过程	Dudhia 方案
陆面过程	NOAH 方案
近地面层方案	Moin-Obukhov
边界层物理过程	ACM2 方案
积云方案	New ETA Kain-Fritsch 方案

WSM6 方案：WSM5 方案的修改版本，方案中包含水汽、云水或云冰、雨水或雪等水物质。在下降过程中考虑凝结、融化过程，增加垂直廓线的精度。

RRTMG 方案：该方案来自 MM5 模式，利用对照表来表示水汽、臭氧、二氧化碳和其他气体，以及云的光学厚度引起的长波过程。

NOAH 方案：OSU 方案的修正版，包括 4 层土壤温度和湿度，可以预报土壤结冰、积雪影响，为边界层方案提供感热和潜热通量，该方案土壤分层与 NECP 再分析资料提供的相关。

ACM2 方案：在 ACM1 基础上增加了一阶涡旋扩散量。

New ETA Kain-Fritsch 方案：Kain-Ffisch 方案的修改，包含水汽抬升和下沉运动的云模式。

7.3.3 数值实验设计

在河西地区绿洲荒漠研究区开展数值模拟实验，中心点为 100.4E、39.6N，采用三重嵌套网格，垂直分为 55 层，模拟投影方式为兰勃特投影，标准纬线为 39.5N，中央经线为 100.6E。D01 区域水平分辨率为 9 km，东西经度方向 186 个格点，南北纬度方向 166 个格点，D02 区域水平分辨率为 3 km，东西方向 202 个格点，南北方向 181 个格点，D03 区域水平分辨率为 1 km，东西方向 280 个格点，南北方向 193 个格点。NECP

发布的 FNL 全球再分析场资料作为模式的初始场和边界条件驱动模式运行，分辨率为 0.25°×0.25°，每 6 h 更新一次。

试验中模拟了 2016 年夏季和冬季绿洲－荒漠系统的绿洲效应，夏季的模拟时间段为 2016 年 7 月 22—26 日，冬季模拟时间段为 2016 年 12 月 22—26 日，每一段积分是 72 h，每隔 0.5 h 输出一次结果。模拟时段均为晴朗无云天气，分别代表该区域夏季和冬季的典型天气。模式模拟的格网嵌套、中心经、纬度、东西方向和南北方向的格点数以及积分步长见表 7-2。

表 7-2　WRF 模拟区域嵌套网格参数

网格域	中心经、纬度	格点数	水平格网	积分步长 /s
D01	100.6E、39.5N	186×166	9	60
D02	100.6E、39.5N	202×181	3	40
D03	100.6E、39.5N	280×193	1	20

7.3.4　结果验证方法

本章选用相关系数（R），均方根误差（$RMSE$）和平均绝对误差（MBE）等统计量对模式模拟结果进行检验。误差统计量计算方法如下：

$$R = \frac{\sum_{i=1}^{N}(P_i - \bar{P})(O_i - \bar{O})}{\sqrt{\sum_{i=1}^{N}(P_i - \bar{P})^2}\sqrt{\sum_{i=1}^{N}(O_i - \bar{O})^2}} \qquad （7-2）$$

$$RMSE = \sqrt{\frac{1}{N}\sum_{i=1}^{N}(P_i - O_i)^2} \qquad （7-3）$$

$$MBE = \frac{1}{N}\sum_{i=1}^{N}|P_i - O_i| \qquad （7-4）$$

其中，N 为时间序列长度，$\bar{P}$ 为模拟的平均值，$\bar{O}$ 为观测的平均值，P_i 为 i 时刻模拟的结果，Q_i 为 i 时刻观测值。

7.4   WRF 模拟精度评价

用黑河实验观测数据对 WRF 模拟的气温 T_2，10 m 风速 WS_{10}，地面气压 $Press$，潜热 LE，显热 Hs 进行逐小时对比，如图 7-1 所示。观测值和 WRF 模拟值的相关系数平方 R^2，均方根误差 $RMSE$ 和绝对误差 MBE 见表 7-3。

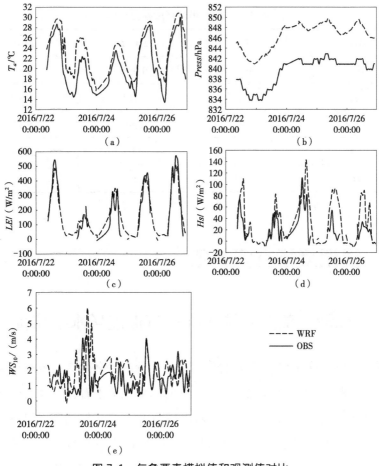

图 7-1　气象要素模拟值和观测值对比

（a）气温；（b）地面气压；（c）潜热；（d）显热；（e）风速

由误差统计表可知，WRF 模式高估了绿洲区的气温和地面气压，平均绝对误差 *MBE* 分别为 1.4℃和 6.92 hPa，相关系数平方为 0.74 和 0.94 [图 7-1（a）（b）]。WRF 在潜热和显热模拟中呈现出相反的特点，模拟的潜热整体上低于观测值，而模拟的显热整体上高于观测值，*MBE* 分别为 30.68 W/m² 和 17 W/m²，相关系数平方分别为 0.83 和 0.41 [图 7-1（c）（d）]。10 m 风速模拟的 *MBE* 为 0.85 W/m² [图 7-1（e）]，相关系数平方为 0.3。

表 7-3　WRF 模拟精度检验结果

指标	R^2	*RMSE*	*MBE*
WS_{10}	0.3	1.126	0.85
T_a	0.74	3.10	1.40
Press	0.94	6.96	6.92
LE	0.83	47.7	30.68
Hs	0.41	29	17

7.5　温湿度场空间特征

7.5.1　绿洲 - 荒漠系统 2 m 空气温度场水平特征

从绿洲和荒漠的 2 m 气温分布可以看出绿洲冷岛效应在夏季全天都很显著，绿洲的降温效果为 2～16℃。从时间变化上来看，随着太阳辐射的增加，空气温度开始上升，但荒漠的增温幅度远高于绿洲区，绿洲的冷岛效应也逐渐增大。绿洲冷岛效应最大值出现在 15 时左右，而后随着太阳辐射的减弱，绿洲和荒漠区温度开始降低。由于绿洲和荒漠的性质差异，荒漠降温迅速，绿洲降温速度缓慢，绿洲冷岛效应的幅度随之降低，绿洲的空气温度在夏季一直低于周边荒漠温度，绿洲的冷岛效应在白天和夜晚都存在。因此与周边的荒漠相比，绿洲在夏季一直是"冷岛"，峰值出现在北京时间15时左右。

绿洲—荒漠地区冬季2016年12月22日2 m空气温度每3 h的空间分布研究结果显示，空气温度升温趋势和夏季相似，2 m气温随着太阳辐射的增强逐渐增大，到15时到达最大值。冬季由于绿洲区的Albedo小于绿洲，而蒸散发消耗的能量大大降低，绿洲区域升温幅度略高于荒漠区，同样，夜晚绿洲区域温度高于荒漠区域。因此冬季绿洲白天和夜晚的温度效应呈现为暖岛效应，但幅度远小于夏季的降温幅度。

7.5.2　绿洲－荒漠系统2 m比湿场水平特征

为了探讨绿洲－荒漠系统的水分差异，即湿岛效应，研究了夏季和冬季绿洲－荒漠系统的2 m比湿每3 h的空间分布情况，由于夜间空气比湿变化不大，本章对此不做过多阐述。绿洲区域有稳定的水源供给，通过蒸腾、蒸发作用到达空中，使得空气中的水汽含量远远高于荒漠区，绿洲区域的比湿始终大于荒漠区域。夏季绿洲比湿最大可达17 g/kg，最低值出现在荒漠中为3.74 g/kg。冬季空气比湿远小于夏季，最大值仅为3.7 g/kg，最小值为0.33 g/kg。

绿洲区比湿在一天内变化显著，随着太阳辐射的增加，空气中水汽逐渐上升，随着水汽的积累，比湿逐渐增加，至夜间达到最大值，而后逐渐降低。

与绿洲的冷岛效应相比，绿洲的湿岛效应一直都存在，在年内和日内均呈现为湿岛效应。夏季湿岛效应的强度大于冬季，绿洲的比湿比荒漠高2～12 g/kg。冬季由于整体水汽较低，绿洲的湿岛效应强度绝对量较小，为1～3 g/kg。

7.5.3 绿洲－荒漠系统温湿度场垂直特征

通过前文分析，绿洲效应在一天内13：00—15：00强度最大，本章选取中午13：00的温度廓线研究绿洲冷岛效应的最大影响高度。由2016年7月22日中午13：00时气温在不同高度层的垂直分布结构的研究结果中可以看到，绿洲冷岛现象在垂直层上的衰减，在1 000 m以下，荒漠上空气温要高于绿洲上空，并且越接近地面这种现象越明显。随着高度的上升，绿洲温度和荒漠温度接近，至1 500m时绿洲和荒漠之间的温度差异消失。研究时段为晴朗天空夏季正午，是绿洲效应最为强烈的时间段，因此绿洲效应的最大作用为1 500 m。

和绿洲冷岛效应相似，绿洲湿岛效应在垂直方向上的影响研究中，绿洲湿岛效应在午后时分非常明显，在1 500 m以下高空，绿洲上空的水汽远远高于荒漠区域，越接近地面空气比湿越大。在1 500 m以上，绿洲区空气湿度和荒漠区湿度接近，湿岛效应的影响消失。由此可知，绿洲的增湿效应的最大作用高度在1 500 m左右，和冷岛效应作用在高度层上相近。

7.6 风场特征

图7-2展示了绿洲－荒漠系统夏季10 m风场特征，风场的背景为2 m空气相对湿度，单位为百分比，时间跨度为2016年7月22日9：00到次日5：00。绿洲荒漠系统7月22日10 m风速最大为10 m/s，最小为0 m/s。荒漠区的风速大于绿洲区，平均值为7 m/s，绿洲区风速平均值为3.1 m/s。在一天内风速变化不显著，风向变化呈现明显的规律性，即从9时的西风，逐渐转变为12时的西北风，15时、18时、21时风向由西北风逐渐转变为北风，进入0时转变为东北风，而后转变为东风。

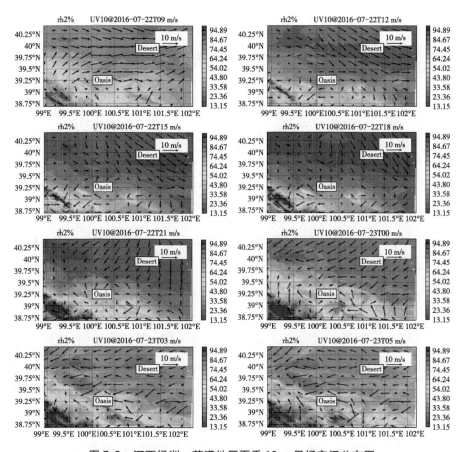

图 7-2 河西绿洲—荒漠地区夏季 10 m 风场空间分布图

注：从上至下依次为 2016 年 7 月 22 日 9 时到次日 6 时，右上角为模拟时间，T09 表示 9 时，时区为 UTC+8，箭头方向为风向，长度为风速，单位为 m/s，风场的背景为 2 m 高度相对湿度场，单位为 %。

图 7-3 显示了 2016 年 12 月 22 日 9：00 时到次日 5：00 时的绿洲－荒漠系统的风场，风场的背景为 2 m 空气相对湿度，单位为百分比。冬季 12 月 22 日 10 m 风场风速平均值较低，但风速极值较大，最大风速为 12.8 m/s，风向日变化和夏季呈现出相似的趋势。在一天中，9 时至 12 时风速较大，下午风速较小，到 18：00 时风速开始变大。

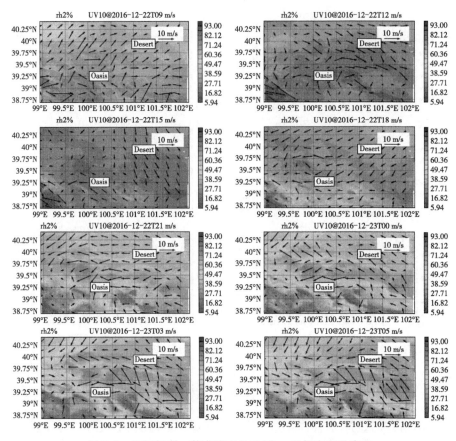

图 7-3 河西绿洲—荒漠地区冬季 10 m 风场空间分布图

注：从上至下依次为 2016 年 12 月 22 日 9 时到次日 6 时，右上角为模拟时间，T09 表示 9 时，时区为 UTC+8，箭头方向为风向，长度为风速，单位为 m/s，风场的背景为 2 m 高度相对湿度场，单位为 %。

7.7 能量场特征

7.7.1 地表显热特征

河西绿洲-荒漠系统夏季和冬季地表感热通量分布研究结果显示，

夏季感热通量最大值达到 470 W/m²，感热通量随着温度升高逐渐加大，9：00 时，绿洲和荒漠显热相差较小，随着太阳辐射的增强，温度升高，荒漠区显热迅速升高，到 12：00 时荒漠显热高达 300 W/m²，绿洲显热在 150 W/m² 左右。荒漠的最大显热出现在 15：00 时，最高值达到 470 W/m²，绿洲区显热达到 200 W/m²。随着太阳辐射和温度下降，感热通量迅速下降，而且荒漠区下降速度远高于绿洲区。在 21：00 时后直至次日凌晨，感热通量基本稳定，维持在零值左右。

冬季绿洲荒漠系统感热通量远远小于夏季，最大值为 341.4 W/m²，绿洲区域的感热通量高于荒漠。

7.7.2 地表潜热特征

河西绿洲 - 荒漠系统 2016 年夏季（7 月 22 日）和冬季（12 月 22 日）地表潜热通量分布研究结果显示，潜热通量的分布在荒漠和绿洲区域差异明显。夏季和冬季绿洲 - 荒漠系统潜热通量分布图显示出和感热通量分布相反的格局，潜热通量主要发生在绿洲区，荒漠区潜热通量基本在零值左右。在绿洲植被蒸散发作用下，潜热通量在白天中午达到极值 590 W/m²，在 18：00 时后逐渐减弱，在 21：00 时后直至次日太阳辐射开始增强时刻处于相对稳定状态。荒漠区潜热远小于绿洲区，中午平均值为 5 W/m²。

7.8 小结

为了研究高时空分辨率和三维空间上的绿洲效应，本章使用中尺度气象预报模式 WRF 对河西地区绿洲 - 荒漠系统在夏季和冬季的气象进行数值模拟。首先，参考不同文献和模拟实验，利用新的陆面资料替换 WRF 模式自带资料，选取适合干旱区环境的参数化方案，对 2016 年 7 月 22—

26日和2016年12月22—26日的绿洲效应进行模拟。其次，利用模拟区内黑河试验自动气象站和涡动观测数据对模拟精度进行了验证。最后，利用模拟的气象要素分析绿洲－荒漠系统的温度场、湿度场、风场、能量场，在水平和垂直方向刻画绿洲效应的分布，探索绿洲效应的影响范围。具体结论如下：

①通过替换新的陆面资料（SRTM地形、MODIS土地利用、MODIS NDVI植被覆盖度和HWSD土壤类型资料）和选取合适的参数化方案对典型干旱区气象过程进行模拟，精度检验结果得知，该模拟方案在干旱区绿洲－荒漠系统有很好的模拟精度。夏季，10 m风速、2 m空气温度，地面气压、潜热和显热的模拟相关系数平方分别为0.3、0.74、0.94、0.83和0.41，均方根误差分别为1.126 m/s、3.1℃、6.96 hPa、47.7 W/m²、29 W/m²。

②WRF模式模拟的水平温度场和湿度场显示了绿洲在夏季强烈的"冷岛"和"湿岛"效应，以及冬季微弱的"热岛"和"湿岛"效应。垂直温度场、湿度场显示了绿洲效应的"冷岛""湿岛"效应在地面最强烈，夏季中午，绿洲"冷岛""湿岛"效应最强烈时，其最影响高度为1 500 m左右。

③10 m风场显示风速在一天内变化不显著，风向变化呈现明显的规律性，即从9时的西风，逐渐转变为12时的西北风，15时、18时、21时风向由西北风逐渐转变为北风，进入0时转变为东北风，而后转变为东风。

④潜热和显热通量空间分布在绿洲区和荒漠区具有明显的区别，荒漠区以显热通量为主，绿洲区潜热通量占绝对优势，显热通量和潜热通量在夜间处于低值。

8 绿洲效应影响因素

关于绿洲效应的形成机制，目前大多数研究通过对生态环境过程进行定性分析，主要归因于植被的强烈蒸发，绿洲区较低的反照率，绿洲区的植被遮蔽作用及下垫面的热力性质差异[15,124,128,132,144]。学者大多从对影响因素的相关统计分析和定性分析进行研究，较少关注产生绿洲效应的生物物理参数的影响，未对绿洲—荒漠这一系统能量物质流动的过程进行定量分析，且在对产生绿洲效应的生物物理模型的研究方面也有待加强。因此，本章以绿洲整体及其组成部分的绿洲效应特征和绿洲效应形成的生物物理机制为研究内容，调查地表反照率、蒸散发等关键地表参数对绿洲效应的影响，并分析蒸散发和地表反照率的差异对绿洲效应的影响。

8.1　研究方法

8.1.1　绿洲效应对绿洲规模变化的响应

绿洲效应强度随绿洲规模的变化分析采用相关分析和显著性检验，相关性采用相关系数平方 R^2，如式（8-1）所示：

$$R^2 = \frac{\sum_{i-1}^{n}(x_i - \bar{x})(y_i - \bar{y})}{\sqrt{\sum_{i-1}^{n}(x_i - \bar{x})^2 \sum_{i-1}^{n}(y_i - \bar{y})^2}} \quad （8-1）$$

其中，x 为每 5 年一期的绿洲规模时间序列，y 为相应时期绿洲效应强度时间序列。

8.1.2　地表能量平衡方法

地表能量平衡是指地表从环境接受到的热量和消耗的能量相平衡，地表能量的收入为向下地表短波辐射 S，向下的长波辐射 $L_↓$，能量的消耗主要有通过热传导消耗的感热通量 H、通过蒸散发流失的潜热通量 LE、地表向土壤的地表通量 G，以及地表通过热辐射向外的辐射，其大小为 σT_s^4。地表能量平衡方程为

$$S + L_↓ - \sigma T_s^4 = R_n = H + LE + G \tag{8-2}$$

其中，S 为地表净短波辐射，$L_↓$ 为入射长波辐射，σ 为 Stephan-Boltzmann 常数，T_s 为地表温度，R_n 为净辐射，H 为感热通量，LE 为潜热通量，G 为地热通量。净短波辐射 $S = (1-\alpha)K_↓$，其中 α 为地表反照率，$K_↓$ 为入射到地表的太阳辐射通量。

8.2 绿洲规模对 *OEI* 的影响

根据前节结果，河西绿洲从 1986 年的 10 709 km² 扩大到 2020 年的 16 449 km²，面积扩大了 1.52 倍，绿洲面积的扩张对绿洲效应强度有多大的影响亟待探讨。

本节通过对历史时期的河西绿洲 *OEI* 的变化，分析 *OEI* 对绿洲面积变化的响应。由于 *OEI* 是荒漠和绿洲两地温度的差值，不受背景气温变化的影响。考虑到 MODIS 地表温度数据的可获得性，本研究时段为从 2000 年有 MODIS 数据开始，持续到 2020 年，和绿洲扩张数据一样，每 5 年为一期。为了提高计算效率，本分析采用基于 GEE 平台的遥感云计算方法。

如图 8-1 所示，河西绿洲面积从 2000 年的 12 782 km² 增加到 2020 年的 16 449 km²，共扩张了 3 667 km²，约增加了 30%。绿洲规模平均每年增加 193 km²，年增长率为 1.5%。在绿洲扩张的背景下，夏季白天的绿洲效应强度呈明显的增强趋势，即绿洲的降温效应增强，*OEI* 从 2000 年的 -13.2℃，增强到 2020 年的 -13.8℃，绿洲效应强度变化达 0.6℃，绿洲面积和 *OEI* 相关系数平方 R^2 为 0.85，通过 $p < 0.005$ 显著性检验。相比夏季绿

洲冷岛效应，绿洲在冬季白天的冷岛效应没有明显的变化趋势。绿洲在冬季白天和冬季夜晚的热岛效应与绿洲规模扩大的相关关系不显著（图 8-1）。

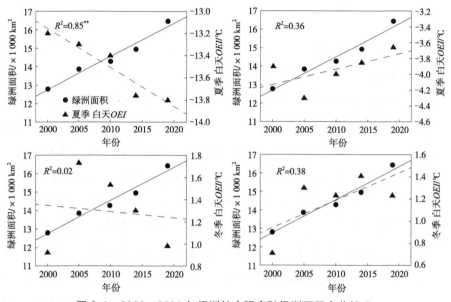

图 8-1　2000—2020 年绿洲效应强度随绿洲面积变化情况

注：左上为绿洲面积 VS 夏季白天 OEI，右上为绿洲面积 VS 夏季夜晚 OEI，左下为绿洲面积 VS 冬季白天 OEI，右下为绿洲面积 VS 冬季夜晚 OEI，** 通过 $p < 0.005$ 显著性检验。

同质区域面积的增大会引起相应现象的增强在绿洲的冷岛效应中得到呈现，同样在城市热岛研究中也有相似的结论。Ye 等[193]通过分析北京地区从 1990—2017 年的地表温度和城市面积的关系发现，随着城市面积的扩大北京市城市热岛效应呈上升趋势。Yao 等[194]的研究结果显示，随着城市规模的扩大，城市热岛效应在白天和夜晚都呈现增大趋势，白天增加趋势更为明显，这一趋势和干旱区绿洲冷岛效应在白天增加强烈相似，该研究同时还指出城市热岛效应的增加主要来自人为热量排放的增加、城市建成区面积的增加、地表反照率的减少以及城市内部植被减少。

8.3 地表温度对绿洲效应的影响

本文对白天和夜晚各绿洲类型的 OEI—LST 进行线性回归，分析不同绿洲土地覆被类型对 OEI—LST 关系的影响（图 8-2）。结果显示，整个绿洲和不同土地覆被类型的 OEI 与 LST 呈负相关，LST 越高，OEI 越强。表 8-1 显示 OEI—LST 斜率高度依赖于不同绿洲类型的生物物理特征。冠层茂盛的植被（如农田和草地）的回归斜率比冠层稀疏植被（如灌丛）的斜率更陡，冠层越茂密就会导致较高的蒸散发，地表能量通过潜热的形式流失。同时，随着温度的升高蒸散发明显加大，当地表温度超过 15℃时，回归曲线的斜率随之增大，这个现象在农田表现得尤为明显（图 8-2）。

在日尺度上，白天的回归斜率绝对值高于夜晚，白天的 OEI 强度远远高于夜晚。由于白天太阳辐射的差异，回归斜率的变化在白天表现得更为显著[195]。回归斜率表明，LST 的增加导致了绿洲 OCE（OEI 的绝对值）的增大（表 8-1）。综上所述，OEI 与 LST 的关系依赖于绿洲的类型和一天中所处的时间。一般来讲，植被条件越好，LST 值越高，OEI 的绝对值越强。

表 8-1 不同土地覆被类型 OEI 与 LST 的线性回归方程

土地利用类型	白天			夜间		
	公式	R^2	Sig	公式	R^2	Sig
整体绿洲	$OEI=-0.36(LST)+2.69$	0.74	**	$OEI=-0.13(LST)-0.85$	0.78	**
居民地	$OEI=-0.25(LST)+1.01$	0.84	**	$OEI=-0.12(LST)+1.12$	0.79	**
灌丛	$OEI=-0.17(LST)+1.08$	0.63	**	$OEI=-0.1(LST)-0.87$	0.66	**
草地	$OEI=-0.26(LST)+0.17$	0.6	*	$OEI=-0.18(LST)-2.62$	0.68	**
农田	$OEI=-0.35(LST)+1.97$	0.67	**	$OEI=-0.12(LST)+0.73$	0.73	**
水体	$OEI=-0.26(LST)-9.2$	0.75	**	$OEI=-0.06(LST)+3.42$	0.12	

注：* indicates $p<0.05$，** indicates $p<0.01$。

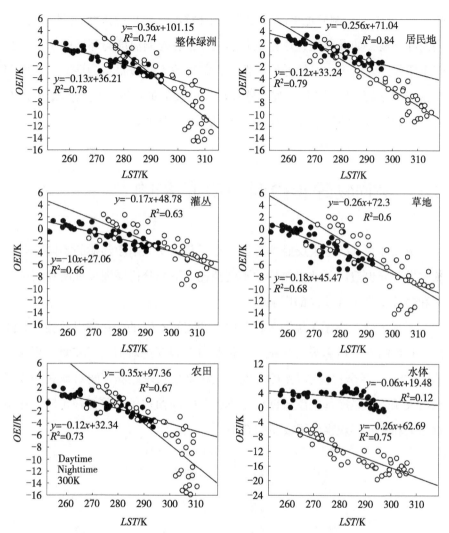

图 8-2 不同绿洲类型 *OEI* 与 *LST* 在白天和夜间的散点

注：图中空心点代表白天，实心点代表夜间。

此外，植被冠层与地面的辐射温度的差异影响了 *LST* 的测量[196]。对于没有植被的地区，*LST* 通常代表阳光照射表面（如荒漠）的辐射温度，随着植被覆盖量的增加，传感器记录的辐射温度更接近完全覆盖时的冠层温度[197]。*LST* 测量也受到较低的大气温度和植被冠层与土壤之间温差的影响[198]。植被的热响应也可能高度依赖于植被本身的生物物理性质[199]。一些内部特性，如导热性、热容量和热惯性，在控制温度与环境的平衡中起着重要作用。由于相对较低的热惯性，最高的 *LST* 被报道为裸露、干燥和低密度的土壤[200]。因此，对于植被覆盖度较低的地区，地表热量通过对流、辐射和传导的热过程，对 *LST* 和 *OEI* 有强烈的影响。

8.4　生物物理参数对 *OEI* 的影响

绿洲和荒漠的地表反照率差异导致了其接受太阳净辐射的不同，两者蒸散发差异也造成了地表热量的不同消耗，下面分析绿洲和荒漠地表反照率和蒸散发差异对 *OEI* 的影响。

图 8-3（a）显示了绿洲各季节白天和夜间 *OEI* 的变化，以及整个绿洲白天和夜间 *OEI* 的差异。在植被生长季白天 *OEI* 绝对值高于夜间，夏季大约为 10℃，春季和秋季大约为 5℃。在植被生长季绿洲夜间对地表的冷却和白天相似但是冷却幅度较低。冬季的 *OEI* 与植被生长季正好相反，在冬季白天和夜间都观察到了较弱的 OHE。

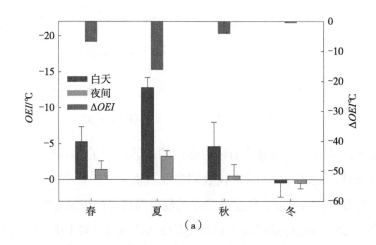

（a）

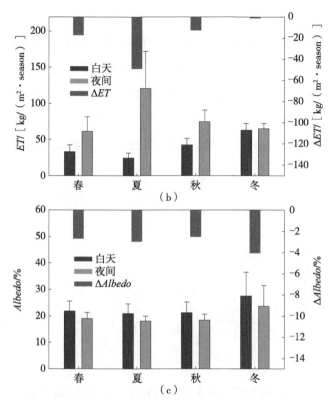

图 8-3　绿洲和荒漠 *OEI*、*ET* 和 *OEI* 的季节变化

（a）*OEl*；（b）*ET*；（c）*Albedo*

　　下垫面性质差异导致了不同的能量平衡过程，进而导致了日尺度和季节尺度上 *OEI* 的不对称[201]。白天 *LST* 受入射太阳辐射、地表表面性质（如反照率和发射率）、潜热和感热通量的分配以及近地表大气边界层的综合影响。入射的太阳辐射可以假定在邻近的绿洲类型和周围的荒漠之间是相似的，因此，地表反照率决定了吸收的太阳辐射量。潜热通量和感热通量的大小受植被活动和土壤水分状况控制[162]。如图 8-3（c）所示，绿洲全年反照率均低于荒漠。绿洲在植被生长季的反照率约为 20%，比荒漠低 2%，冬季荒漠和绿洲反照率分别达到 27% 和 23%，高于其他季节，主要是由于冬季植被覆盖度低，而且冬季积雪覆盖率较高（图 8-4）。研究区从

10月开始下雪，到次年4月停止下雪，降雪主要集中在12月到次年2月，在我们的研究中为冬季。11月，荒漠和绿洲的积雪覆盖率分别达到13%和8%，1月达到峰值25%和15%，次年3月分别下降10%和5%。同时，绿洲的积雪量小于荒漠，这也是绿洲反照率较低的原因之一（图8-4）[202]。反照率高低直接决定了下垫面接受太阳短波辐射的大小，绿洲的反照率在全年都低于荒漠2.3%～3.5%，因此荒漠接收的太阳短波辐射响应低于绿洲。

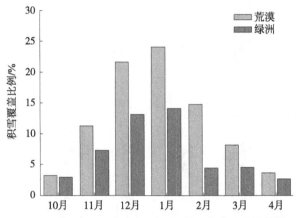

图8-4   研究区10月至次年4月绿洲和荒漠积雪覆盖情况

如图8-3（b）所示，整个季节内ET在各绿洲类型中的分布以及绿洲与荒漠之间的差异呈现单峰形态。在夏季，绿洲的ET高达120 kg/（m² · season），耕地的ET最高达160 kg/（m² · season），其次是草地和灌丛，分别为107 kg/（m² · season）和82 kg/（m² · season）。而同期荒漠ET仅为24 kg/（m² · season），为绿洲的1/5（表8-2），这说明绿洲吸收的入射辐射比周围荒漠多，但以潜热耗散的能量也比周围荒漠多[203]。因此，平均而言，植被生长季的绿洲在白天引起的OCE是由于ET造成的巨大的潜在通量赤字远远高于太阳辐射盈余，在植被生长季，绿洲的反照率加热作用较弱，而ET冷却作用控制了生长季白天的OEI。相反，在冬季，更为强烈的反照率加热效应超过了ET的降温效应。此外，白天和夜晚的OEI与绿洲和荒漠的ET差值呈显著负相关，与绿洲和荒漠的反照率差值呈微弱相关（表8-2）。

表 8-2　不同绿洲的反照率和蒸散发值

季节	荒漠 Albedo (%)	荒漠 ET (kg/m²)	农田 Albedo (%)	农田 ET (kg/m²)	草地 Albedo (%)	草地 ET (kg/m²)	灌丛 Albedo (%)	灌丛 ET (kg/m²)	居民地 Albedo (%)	居民地 ET (kg/m²)	水体 Albedo (%)	整体绿洲 Albedo (%)	整体绿洲 ET (kg/m²)
冬季	27.5	3.1	24.5	60.9	24.0	67.4	23.1	65.2	23.8	61.2	18.4	23.5	65.0
春季	21.8	32.6	19.2	47.9	18.8	68.2	20.0	52.3	17.9	53.3	6.1	19.1	61.1
夏季	20.9	24.1	17.5	160.1	17.9	107.3	19.1	82.0	16.9	97.3	7.2	17.9	120.3
秋季	21.3	42.7	19.0	64.4	18.2	79.6	19.7	66.5	17.4	64.9	5.7	18.4	74.1

8.5　地表能量平衡过程对 *OEI* 的影响

上节从绿洲和荒漠的反照率、蒸散发差异的统计学角度解释了造成绿洲冷岛效应的原因，然而地表关键参数最终通过能量流动影响地表的温度。本节利用通过自动气象站 AWS 和涡动观测站 EC 获取的能量通量数据，来分析地表能量平衡和绿洲效应的关系。为了展现绿洲能量平衡过程，本节以农田作为绿洲代表，选取各季节第二个月的能量平均值来反映能量平衡过程。

如图 8-5 所示，从早上太阳升起到太阳辐射峰值，太阳净辐射 R_n 在持续增加，R_n 峰值出现 12：00—15：00，而后 R_n 开始减少直到 20：00 左右，R_n 相对降至谷底。

农田区域 R_n 的季节平均值依次为夏季（479 W/m²）＞春季（443 W/m²）＞秋季（314 W/m²）＞冬季（216 W/m²），荒漠区域的 R_n 值顺序相同，但数值较绿洲小。荒漠的低 R_n 值有两个原因：一是荒漠的反照率高于绿洲（图 8-5）；二是由于荒漠的 *LST* 较高，导致长波辐射较大。

荒漠感热通量（*Hs*）随着 R_n 的增加而增加，绿洲感热通量（*Hs*）随着 R_n 的增加而减少，特别是在夏季，荒漠感热通量最大值达到 241 W/m²，占 R_n 的 53%。在农田中，感热通量为 65 W/m²，占 R_n 的 13%。此外，*Hs* 在上午呈缓慢增加趋势，在夏季 15：00 后逐渐下降为负值（图 8-5）。*Hs* 在 15：00 左右最低，为 -28 W/m²。*LE* 代表潜热通量的年周期，与 *Hs* 表现出相反的趋势。荒漠里的 *LE* 很小，以夏季为例，耕地的 *LE* 峰值达到 291 W/m²，占 R_n 的 62%，荒漠的 *LE* 峰值为 7.5 W/m²，仅占 R_n 的 1.5%。

地表通量 G_s 随着 R_n 的增大而增大，荒漠区的地表通量 G_s 在不同季节均大于绿洲区，荒漠的正午 G_s 在冬季为 138 W/m²，夏、秋季节达到 268 W/m²，春季为 193 W/m²。与之相比，绿洲的 G_s 远小于此，全年最大为 75 W/m²。

一般来说，陆地表面在白天吸收和储存能量，在夜间释放能量。在夜间，*ET* 很小可以忽略，因此 *LST* 与白天储存的能量和近地表大气边界层密切相关[14]。与荒漠相比，绿洲的地表热容量大（例如，由于土壤湿度的增加），导致了白天更高水平的储热和夜晚释放更多的热量。此外，绿洲地区空气湿度的增加（例如，由于增强日间蒸散），附近的边界层云形成的增强可能导致更高水平的向下长波辐射，这些辐射能量用于加热绿洲低空大气和地表。

冬季荒漠的积雪覆盖比例高于绿洲，进一步增加了荒漠的反射率，绿洲较低的反射率进一步增强了绿洲在冬季的暖岛效应[204,205]。我们的研究结果表明，绿洲在冬季白天（0.4℃）和冬季夜间（0.5℃）都呈现增温效应，这是由于冬季绿洲有较低的反照率（相比荒漠低 4%），而 *ET* 差异很小可以忽略不计。冬季的 OHE 强调了反照率明显的正反馈作用。

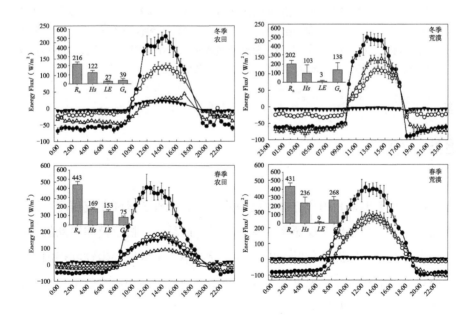

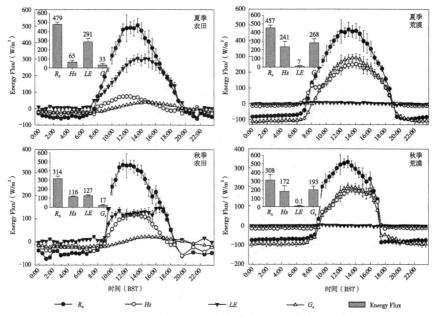

图 8-5　不同季节农田和荒漠地表能量平衡变化曲线

注：数据来自黑河实验自动气象站和涡动观测。荒漠（右）和农田（左）能量通量的时间分别为冬季（上）、春季（第二行）、夏季（第三行）和秋季（下）。R_n 为净辐射，Hs 为感热通量，LE 为潜热通量，G_s 为土壤热通量。图中小图显示了 12：00—14：00（能量峰值）时与主图相关的地表能量平衡平均值及标准差。

8.6　小结

　　本章基于土地利用和地表温度遥感产品，分析了绿洲效应强度和地表温度的关系，利用地表反照率、蒸散发遥感产品，分析荒漠和绿洲的表面物理性质差异对绿洲效应的影响。地表反照率、蒸散发等生物物理因素通过能量流动引起了地表温度的差异，利用自动气象站和涡动分析仪观测到的净辐射、显热、潜热和地表通量进行分析和解释。

　　具体结论如下：

① ET 是生长季节 OCE 的主要因子，反照率是冬季 OHE 的主要因子。荒漠和绿洲之间蒸散发之差 ΔET 和反照率 $\Delta Albedo$ 在所有季节均为负值。ΔET 的季节性动态趋势呈单峰形态并且在夏季达到顶峰达 55 mm，这一数值是春天或秋天的 3 倍。这一趋势与 OEI 趋势一致，说明 ET 是 OCE 的主要贡献者。ET 冷却是植被生长季节绿洲效应的一个主要过程，其作用在冬季可以忽略不计。植被生长季反照率低且变化不大，冬季反照率较大，这是积雪和植被凋落的反馈，可以部分解释冬季的 OHE 现象。

② 通过对 OEI—LST 线性回归函数斜率的分析发现绿洲 OEI 与 LST 呈负相关，即 LST 越大，OEI 越强。OEI—LST 斜率高度依赖于不同绿洲类型的生物物理特征，冠层茂盛的植被的回归斜率比冠层稀疏植被的斜率更陡，冠层越茂密就会导致较高的蒸散发，地表能量通过潜热的形式流失。同时，随着温度的升高蒸散发明显加大，因此当地表温度超过 15℃ 的时候，回归曲线的斜率随之增大，这个现象在农田表现得尤为明显。在日尺度上，白天的回归斜率绝对值高于夜晚，白天的 OEI 强度远远高于夜晚。

③ 地表能量平衡分析显示，绿洲区 R_n 在全年均大于荒漠区，各季节次序为夏季＞秋季＞春季＞冬季，荒漠区 R_n 较低的原因主要是荒漠区较高的地表反照率和较高的长波辐射。荒漠 Hs 随着 R_n 的增加而增大，绿洲 Hs 随着 R_n 的增加而减少，特别是在夏季，荒漠 Hs 最大值达到 241 W/m^2，占 R_n 的 53%。农田中 Hs 为 65 W/m^2，占 R_n 的 13%。LE 与 Hs 表现出相反的趋势。荒漠的 LE 很小，以夏季为例，耕地的 LE 峰值达到 291 W/m^2，占 R_n 的 62%，荒漠的 LE 峰值为 7.5 W/m^2，仅占 R_n 的 1.5%。地表通量 G_s 随着 R_n 的增大而增大，荒漠区的地表通量 G_s 在不同季节均大于绿洲区。

9 绿洲效应定量分解

绿洲和荒漠的下垫面巨大差异主要表现为生物物理参数的差异，后者决定了地球表面和底层大气之间的能量、水分的交换。例如，反照率决定了地表接受的能量大小，成为影响大规模森林砍伐导致气候变化的主要辐射强迫驱动因素[206]，同样，蒸散发的变化在森林采伐对气候影响方面也起着主要作用[207]。

目前分离不同土地覆被类型的关键生物物理因子对地表温度变化的贡献主要有两种理论：一种是直接分解温度法（the Direct Decomposed Temperature Metric，DTM）；另一种是内在生物物理模型法（Inner BioPhysical Mechanism，IBPM）。DTM 将地表温度差异归因于地表反照率、入射辐射、地热通量、感热通量和潜热通量在两种土地利用类型之间的差异，温度扰动是表面能量平衡和表面出射长波辐射 Stephan-Boltzmann 表达式线性化的直接结果[208,209]。IBPM 模型由 Lee 等[14] 提出，并且经过其他学者的发展，被用来量化地表温度对城市化[210]和森林砍伐[211]的响应。根据该理论，地表温度变化随土地利用变化是局部长波辐射在地表的反馈以及空气阻力和地表蒸发变化所带来的能量再分配的结果。根据 Wang 等[211]的研究，DTM 不适合单因素扰动分析，使用 DTM 预测的温度变化温度过大。

绿洲效应是由于下垫面生物物理参数差异引起的以温度差异为主要特征的现象，本章考虑生物物理参数对绿洲效应的反馈机制，构建物理意义明确的 IBPM 模型，用气象站和涡动观测资料进行模型验证，探讨绿洲化或荒漠化的气候效应。我们的目标如下：

①评估 IBPM 理论在预测不同时间绿洲—荒漠在表面温度差异；

②量化如反照率、波文比、地表通量等各强迫的贡献；

③理解绿洲效应的形成机制。

9.1 IBPM 模型

内在生物物理模型（IBPM）起初用于研究不同土地覆被类型造成的温度差异[14,211]。本研究将基于 IBPM 理论方法，评估 IBPM 在模拟绿洲效应的能力，这对 IBPM 理论应用于各种生态系统和异质景观的能力具有启示意义。

本书根据相关文献[14,211]，将 IBPM 模型作为机理模型应用到绿洲效应。利用来自成对站点的反照率、地表通量、潜热通量和感热通量数据，分析了 IBPM 理论对绿洲效应的建模能力。Wang 等[211] 将 IBPM 理论定义为"地表温度随土地利用变化的变化是地表局部长波辐射反馈以及空气动力阻力和地表蒸发变化带来的能量重新分配的结果"。假定能量平衡，两个位置之间的温度差是辐射反馈和能量重新分配的差异的结果。将地表热通量、波文比（潜热通量与感热通量之比）和反照率能差转换为温度强迫，加总起来模拟绿洲效应，如图 9-1 所示。IBPM 理论推导如下：

首先从反照率开始，短波辐射反馈引起的辐射强迫而导致的温度变化可以用式（9-1）～式（9-3）来描述。

$$
\begin{cases}
\Delta S = (1 - \Delta a)K_{\downarrow} & (9\text{-}1) \\
\Delta T_{\alpha} \cong \dfrac{\lambda_0}{1+f} \times \Delta S & (9\text{-}2) \\
\lambda_0 = \dfrac{1}{4\sigma T_a^3} & (9\text{-}3)
\end{cases}
$$

其中，ΔS 是两站点之间日照能量差异，α 是太阳反照率，$K_{\downarrow}$ 是入射太阳短波辐射，ΔT_{α} 是由太阳反照率差异引起的温度差异，f 是能量再分配因子，λ_0 是当地的气候敏感性，σ 是 Stefan-Boltzmann 常数，T_a 是空气温度，Δ 为作差。

其次由土壤通量差异引起的温度差异由式（9-4）来描述。

$$\Delta T_G = \frac{\lambda_0}{1+f} \times \Delta G \qquad (9\text{-}4)$$

其中，ΔT_G 是由土壤通量差异引起的温度差异，ΔG 是两站点土壤通量差异。其他参数意义同上。

最后是由波文比差异引起的温度差异，具体如式（9-5）～式（9-9）表述：

$$\beta = \frac{H}{LE} \qquad (9\text{-}5)$$

$$\Delta T_\beta \cong \frac{\lambda_0}{1+f} \times \Delta R_n \times \Delta f_2 \qquad (9\text{-}6)$$

$$\Delta f_2 = \frac{\rho_d c_p \lambda_0}{r_T} \left(\frac{\Delta \beta}{\beta^2} \right) \qquad (9\text{-}7)$$

$$r_T = \frac{\rho_d c_p \lambda_0}{f} \left(1 + \frac{1}{\beta} \right) \qquad (9\text{-}8)$$

$$\Delta f_2 = \frac{\Delta \beta f}{\beta^2 (1+\frac{1}{\beta})} \qquad (9\text{-}9)$$

其中，β 为波文比，H 为感热通量，LE 为潜热通量，ΔT_β 为由波文比差异引起的温度差异，ΔR_n 为太阳辐射差异，ρ_d 为空气密度，c_p 为空气比热容，$\Delta \beta$ 为波文比差异，r_T 为总传热阻力，Δf_2 为潜热通量和感热通量能量贡献差异。

上述公式进行代入简化，可得到式（9-10）：

$$\Delta T_\beta \cong \frac{\lambda_0}{(1+f)^2} \times \Delta R_n \times \frac{\Delta \beta f}{\beta^2 (1+\frac{1}{\beta})} \qquad (9\text{-}10)$$

总温度差可以由两个位置之间的 3 种能量差之和来计算。

$$\begin{cases} \Delta T_s = \Delta T_\alpha + \Delta T_\beta + \Delta T_G & (9\text{-}11) \\ \Delta T_s \cong \dfrac{\lambda_0}{1+f} \times \Delta S + \dfrac{\lambda_0}{1+f} \times \Delta G + \dfrac{\lambda_0}{(1+f)^2} \times \Delta R_n \times \dfrac{\Delta \beta f}{\beta^2 (1+\dfrac{1}{\beta})} & (9\text{-}12) \end{cases}$$

其中，ΔT_s 为两个站点之间地表温度的差异，即在本章为绿洲效应强度大小，ΔT_a 为由地表反照率差异引起的温度差异，ΔT_β 为由波文比差异引起的温度差异，ΔT_G 为由土壤通量差异引起的温度差异，Δa 为两站点日照反射率之差，ΔG 为地表通量之差，β 为波文比，ΔR_n 为太阳辐射差异，$\Delta \beta$ 为波文比差异。

该模型具有明确的物理意义，参数意义明确，利用观测站点的数据对该模型进行验证。在空间上利用降尺度得到的空间数据，将模型应用到空间上，有利于该模型的推广使用。

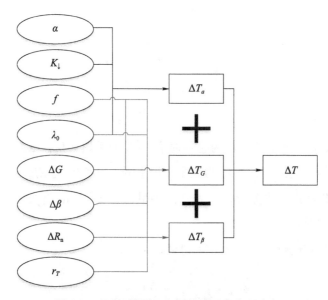

图 9-1　IBPM 模型示意图（符号意义同上）

本章利用 HiWATER 试验站 2016 年大满超级站和花寨子荒漠站的观测数据进行验证。能量再分配因子 f MMERRA-2 再分析资料计算得到，λ_0

是弱温度函数，是根据当地气温计算得到。将 2016 年两个站点的地面热通量、波文比、净辐射和日照以半小时为间隔进行平均，然后将其输入 IBPM 模型。为了研究 IBPM 对不同季节绿洲效应的模拟，本章分别选取春、夏、秋、冬季节中的中间月份（4 月、7 月、10 月和次年 1 月）作为代表验证 IBPM 模型。绿洲效应在白天的 14：00 达到高峰，因此白天的时间段选取 13：00—15：00，共 5 个数据的平均，夜晚选择 1：00—3：00，共 5 个数据的平均。分别以 4 个季节白天和夜晚的观测数据对 IBPM 模型在绿洲效应的表现进行验证。

9.2 绿洲效应定量分解

内在生物物理模型（IBPM）起初用于研究不同土地覆被类型造成的温度差异[14,211]。本研究将基于 IBPM 理论方法，评估 IBPM 在模拟绿洲效应的能力，这对 IBPM 理论应用于各种生态系统和异质景观的能力具有启示意义。同时，将影响地表温度差异的生物物理因素定量分解，分别计算他们对温度差异的贡献。

下面的部分讨论单个的能量强迫以及 IBPM 理论的最终结果。表 9-1 给出了单个能量本身的差异，这一数值是没有乘以将能量强迫转化为温度差异的系数。

表 9-1　4 个季节白天和夜晚 IBPM 理论的中间强迫值

季节	白天			夜晚		
	ΔS	$\Delta \beta$	ΔG	ΔS	$\Delta \beta$	ΔG
春	39.7	−25.42	−21	0	−11.75	20.02
夏	59.2	−293.91	−24.7	0	−19.45	17.40
秋	36.6	−42.97	−32.73	0	−11.93	23.25
冬	34.74	1.23	−31.21	0	21.45	4.80

由于夜间没有太阳短波辐射，夜间反照率强迫都为零。总体来看，夜间温度强迫的强度较小，这是由于在没有日照的情况下，进入系统的能量较少造成的。

9.3　反照率强迫

反照率是反射的短波辐射和入射的短波辐射的比值。图 9-2 显示了每个季节在荒漠和绿洲站点的反照率值。冬季荒漠和绿洲的反照率值最高，分别为 34% 和 28%，这是由于冬季没有多少植被，再加上积雪覆盖的作用，所以地面反照率较高。夏季，由于植被的增加，反照率为全年最低，荒漠的反照率为 20%，绿洲的反照率为 16%。春季和冬季反照率介于冬、夏季之间，大致为 20%。在任何情况下，绿洲的反照率都比荒漠的反照率小，这意味着绿洲吸收的短波日照比荒漠地区的短波日照多（图 9-2）。这一结果似乎表明，绿洲应该比荒漠更温暖，从而产生正的温度效应，即绿洲热岛效应。然而，这种强迫在数量上小于波文比造成的降温，导致实际观测到的地表温度绿洲远小于荒漠而呈现为绿洲冷岛效应。

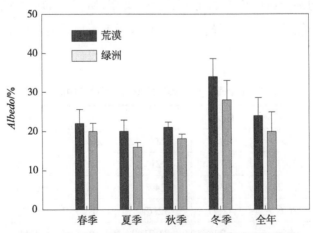

图 9-2　春、夏、秋、冬及全年的平均反照率和标准差

IBPM 模型模拟显示，反照率强迫在一年 4 个季节都为正的，均值在 1℃左右，其中春节为 0.98℃，夏季为 1.57℃，秋季和冬季分别为 0.53℃ 和 0.69℃（图 9-3）。反照率强度主要与接收的短波辐射强度和两种地表类型的反照率有关。在相同的季节中，纬度相近的绿洲和荒漠接收的太阳短波辐射接近，因此反照率差别是造成地表温度差异的重要作用。根据前一节分析，绿洲的反照率全年都低于荒漠，因此可以接收更多的短波辐射，反照率的贡献表现为增温效应。

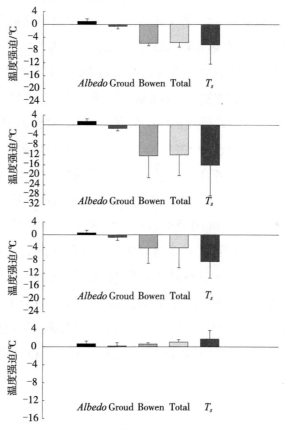

图 9-3　IBPM 模型模拟的温度强迫及观测值对比

注：*Albedo* 为反照率强迫，Groud 是土壤通量强迫，Bowen 是波文比强迫，Total 是总的地表温度差异，T_s 是观测到的地表温度差异，从上到下，依次为春季、夏季、秋季和冬季。

9.4　波文比强迫和地表通量强迫

波文比是感热通量和潜热通量的无量纲的比值，在植被生长季尤其是夏季，绿洲效应受波文比影响很大，尤其是在白天表现得最突出（图9-4）。根据荒漠和绿洲能量平衡得知，两者感热通量和潜热通量差异明显，而且不同的季节之间，差异也很大。4月正午，绿洲的感热通量为190.3 W/m²，潜热通量高达152.8 W/m²，波文比为1.25，荒漠的感热通量稍高于绿洲为260.4 W/m²，但是潜热通量远远小于绿洲，仅为7.1 W/m²，波文比为37。7月正午荒漠的感热通量 H 和潜热通量 LE 与4月相差不大，而绿洲 H 为 −14 W/m²，但其 LE 高达397.6 W/m²，是荒漠的40倍。10月正午无论是荒漠还是绿洲的 LE 和 H 的绝对值都在减小，荒漠的 H 为180 W/m²，LE 为2 W/m²，绿洲的 H 为122 W/m²，LE 小于感热通量为115 W/m²，波文比接近1。次年1月正午，荒漠的 H 为117.9 W/m²，LE 为2 W/m²，波文比为58，绿洲的 H 为85，由于冬季1月没有植被的蒸散作用，LE 仅为20 W/m²，是4月、7月和10月的1/7、1/15和1/5，波文比为4（图9-4）。

Hao 等 [170] 和 Kai 等 [132] 认为绿洲效应主要是绿洲上方显著的蒸发潜热通量造成的。波文比是感热通量和潜热通量无量纲的比值，由波文比强迫造成的温度差异在生长季白天均为负值，春季为 −5.85℃，夏季最大达到 −12.2℃，秋季为 −4.23℃，冬季为 0.56℃。地表通量造成的温度强迫分解在4个季节的白天分别为 −0.52℃、−1.2℃、−0.72℃和 −0.22℃。

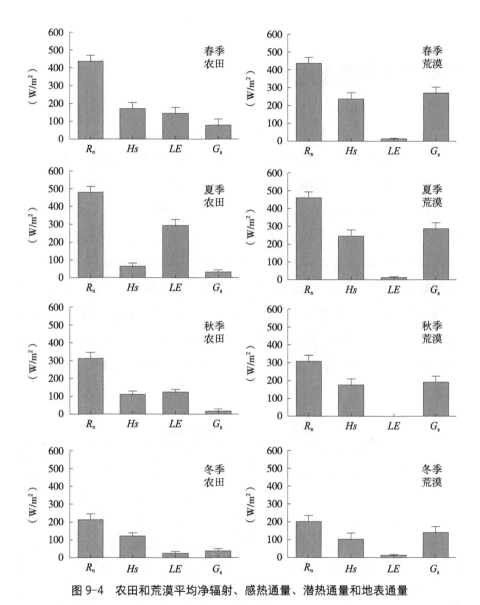

图 9-4　农田和荒漠平均净辐射、感热通量、潜热通量和地表通量

注：荒漠（右）和农田（左）的时间分别为 4 月（上）、7 月（第二行）、10 月（第三行）和次年 1 月（下）。R_n 为净辐射，Hs 为感热通量，LE 为潜热通量，G_s 为土壤热通量。

9.5　IBPM 典型应用

　　春季、夏季和秋季等生长季，各温度强迫对绿洲效应的影响趋势一致，秋季和春季温度强迫与夏季相比较弱，因此本节以夏季为代表，分析绿洲的各温度强迫力对绿洲效应的影响。夏季中午，由反照率 *Albedo* 造成的正作用，即绿洲由于低反射率造成的升温，达到 1.57℃，由波文比造成的负向作用远高于反照率的正作用，达到 -13.2℃，而由地表通量造成的负效应较小，为 -1.2℃。综合这 3 个温度强迫值，IBPM 模型理论预测的绿洲效应为 -12.86℃，与地表观测值 -14.0℃非常接近。冬季，白天反照率强迫为 0.69℃，地表通量强迫为 -0.22℃，波文比强迫为 0.56℃，总强迫温度为 1.03℃，和观测温差 1.69℃误差为 0.66℃。由于植被枯萎，由植被导致的蒸散发大大降低，加之太阳反照率的正作用，绿洲效应表现为暖岛效应（表 9-2）。

表 9-2　IBPM 模型温度强迫

季节	昼夜	反照率强迫	标准差	地表通量强迫	标准差	波文比强迫	标准差	总强迫温度	标准差	观测温度差	标准差
春季	白天	0.98	0.82	-0.52	0.35	-5.85	0.82	-5.68	1.3	-6.3	6.1
	夜间	0	0	0.37	0.56	-0.99	0.46	-0.53	0.36	-1.9	5.1
夏季	白天	1.57	0.78	-1.2	0.51	-13.2	8.81	-12.86	8.3	-14.0	12.3
	夜间	0	0	0.25	1.25	-4.08	2.56	-1.23	1.5	-3.4	3.2
秋季	白天	0.53	0.43	-0.72	1.08	-4.23	4.81	-4.17	6.29	-8.42	5.2
	夜间	0	0	0.31	0.38	-0.6	1	-0.68	0.49	-1.5	3
冬季	白天	0.69	0.52	-0.22	0.59	0.56	0.36	1.03	0.53	1.69	2
	夜间	0	0	0.08	0.1	0.7	0.6	0.86	1.03	1.58	2.1

　　IBPM 不仅成功地预测了总体绿洲效应的强度，同时还对造成绿洲效

应的强迫进行了定量分解，利用该模型可以理解预测地表反射率、波文比或土壤热通量改变而带来的绿洲效应的改变。土地利用的改变必然会造成地表反射率的改变，进而会引起地表温度的改变。Shu-Shi 等 [212] 发现中国的大规模的植树造林导致了白天约 1.1℃降温和夜晚约 0.2℃的增温，白天的降温是增加的蒸散发引起的，夜间变暖在很大程度上反映了白天蓄热的释放。

IBPM 理论可以成功地模拟绿洲效应的强迫力：反照率、地面热通量和波文比。这种方法有助于理解绿洲效应是如何以及何时出现的。可以看出，潜热通量强迫是决定绿洲效应的最主要力量，水不仅对农业很重要，而且对维持绿洲的凉爽气候也很重要。

9.6 小结

结合黑河试验中自动气象站和涡动观测站的地表能量通量数据，从能量平衡的角度分析绿洲效应形成的机制，对 IBPM 模型在绿洲效应强度的适用性做了验证。主要结论如下：

①IBPM 模型模拟显示，反照率强迫在全年均为正值，即由于绿洲较低的反射率，接受更多的短波辐射，导致绿洲温度高于荒漠温度，其中，春季为 0.98℃，夏季为 1.57℃，秋季和冬季分别为 0.53℃和 0.69℃。

②波文比是感热通量和潜热通量无量纲的比值，由波文比强迫造成的温度差异在生长季白天均为负值，春季为 -5.85℃，夏季最大达到 -12.2℃，秋季为 -4.23℃，冬季为 0.56℃。地表通量造成的白天的温度强迫在 4 个季节分别为 -0.52℃、-1.2℃、-0.72℃和 -0.22℃。

③综合分析来看，夏季中午，由反照率 Albedo 造成的正作用达到 1.57℃，由波文比造成的负作用远高于反照率的正作用，达到 -13.2℃，而由地表通量造成的负效应较小，为 -1.2℃，IBPM 模型理论预测的绿洲效

应为 -12.86℃，与地表观测值 -14.0℃非常接近。冬季白天，反照率强迫为 0.69℃，地表通量强迫为 -0.22℃，波文比强迫为 0.56℃，总强迫温度为 1.03℃，和观测温差 1.69℃误差为 0.66℃。

④ IBPM 理论可以成功地模拟造成绿洲效应的强迫力：反照率、地面热通量和波文比。反照率的正作用力被波文比的负作用力平衡，土壤热通量贡献了一个很小的负强迫，综合这 3 个温度强迫值，IBPM 模型很好地预测了绿洲效应强度，同时对各个强迫力的大小进行了定量的分解。

10 结束语

10.1 主要结论

本书以干旱半干旱区河西走廊绿洲为研究对象，关注该区域绿洲在人类活动和自然条件变化条件下的演变过程，以及由绿洲带来的气候效应，为干旱半干旱区绿洲的可持续发展和绿洲变化与气候变化的响应关系研究提供参考。

首先，以 Landsat TM/ETM/OLI 为主要数据源，通过计算机辅助和人工目视解译相结合的方法构建河西走廊从 1986—2020 年每 5 年一期的绿洲空间分布数据集。在此基础上，采用单向动态度、双向动态度分析绿洲的数量变化，采用网格化的空间变化率模型、累计绝对空间变化率和累计空间变化率分析绿洲变化的空间异质性。

其次，通过空间分析获得祁连山稳定绿洲分布和最大绿洲分布，从地形地貌、水文条件和温度条件方面界定绿洲分布的限制条件，在构建的以县为单位影响绿洲变化的自然和人文条件面板数据的基础上，用灰度模型分析绿洲变化的驱动力。

再次，以 MODIS 遥感产品和 HiWATER 观测的涡动数据为基础，分析不同绿洲类型的绿洲效应强度大小，从生物物理机制和能量平衡角度分析造成绿洲效应的影响，并用 IBPM 模型模拟干旱区绿洲效应。

最后，利用中尺度天气预报模式 WRF 对河西走廊绿洲 - 荒漠系统的气象要素进行模拟，得到研究区高空间分辨率和时间分辨率的气象要素。通过温度场、湿度场、能量场等角度描述绿洲能量物质的流动，解释绿洲效应形成的机理。

论文得到以下结论：

10.1.1　揭示了河西绿洲从 1986 年至 2020 年数量变化和空间变化

基于构建的长时间序列河西绿洲分布数据集，通过面积统计，单向动态度、双向动态度和格网化累计变化率模型分析河西绿洲面积分布时空变化。研究发现：①河西走廊绿洲面积整体上呈快速增长趋势，面积从 1986 年的 10 709.3 km² 增长到 2020 年的 16 449.5 km²，增长了 1.6 倍，平均每年增加的面积为 170 km²。②绿洲面积的增加分 3 个阶段，分别是 1986—1990 年的相对稳定阶段（年平均增长 59.9 km²，增长率为 0.56%）；1990—2005 年的快速扩张阶段（年平均增长 193.8 km²，增长率为 1.64%）和 2005—2020 年的稳定增长阶段（年平均增长 109.6 km²，增长率为 0.79%）。③从三大流域绿洲分布规模来看，黑河流域绿洲规模最大，其次为石羊河流域，分别约占绿洲总面积的 47%、40%，疏勒河流域分布规模最小，仅占河西地区绿洲总面积的 13%。④从扩张规模来看，石羊河流域的扩张规模最大，从 1986 年的 3 902 km² 扩张到 2020 年的 6 123 km²，扩张面积为 2 221 km²，占 1986 年面积的 56%，其次为黑河流域，扩张面积为 2 502 km²，占 1986 年面积的 47%，疏勒河流域绿洲扩张面积最小，仅为 997 km²，占初始面积的 62%。⑤河西绿洲的变化以扩张占主导，增长面积是退缩面积的 3 倍左右。河西走廊绿洲每期的扩张速度都超过 1 000 km²，绿洲的退缩面积波动较大，平均面积为 522 km²。同时从整体上来看，整个河西绿洲的扩张面积呈现稳定的趋势，而绿洲的退缩呈递减的趋势。⑥双向动态度由高到低依次是疏勒河、石羊河和黑河流域，说明疏勒河流域内绿洲与非绿洲的转换强度相对其他两个流域较强。⑦绿洲变化剧烈的区域集中在绿洲—荒漠过渡区，主要是由天然植被的退化、耕地的开垦与弃耕等引起。⑧根据累计绝对变化率将绿洲变化程度分为 4 类，其中"无变化"区域构成了三大流域绿洲的主体。⑨根据变化模式分类标准，绿洲多年的变化情况分为稳定不变型、萎缩型、扩张型和震荡型，其中稳定绿洲面积占研究区绿洲总面积的 50%。稳定绿洲模式分布在冲洪积扇平原，河流域的中游平原和下游的三角冲积扇。振荡型绿洲构成了绿洲总面积的 11%，位于冲积—洪积扇的边缘，靠近河流和沟渠的低洼地区，以及绿洲和沙漠的过渡地带。具有扩张模式的绿洲占绿洲总面积的 27%，分布在主要绿洲区外和区内，大部分扩建的绿洲都位于河流的尽头或引入灌溉设施的荒漠。呈收缩型的绿洲，主要分布在下游河道，占绿洲总面积的 12%。主要是由于自然绿洲的退化或废弃耕地。

10.1.2　分析了绿洲分布的限制条件和驱动力

通过分析稳定绿洲和最大绿洲与地形地貌、水文条件和温度热量的空间关系，分析绿洲分布的限制条件，在县级统计单元上，基于灰度模型分析绿洲变化的驱动力。研究发现：①干旱半干旱区绿洲的分布受地形地貌、水文条件和温度热量的限制作用明显。②绿洲大部分分布在海拔 1 000~2 000 m，在 1 500 m 左右达到峰值，76% 的绿洲分布在平地，分布在坡地的绿洲主要集中在 5° 以下的地方，绿洲大部分集中在北坡和东北坡，约占 60%，而东坡和西北坡约占 30%。③绿洲分布区域的降水为 50~300 mm，但其水深 AWD 均超过 400 mm。④同时绿洲分布的平均温度范围为 6~10℃，最低空气温度范围为 -14~7℃，最大的空气温度范围为 18~26℃。⑤绿洲扩张与人口、AWD、GDP 之间的灰色关联度普遍较高，总体顺序：农村劳动力 > 总人口 > AWD > 第一产业 > GDP > 第三产业 > 第二产业。⑥人口增长是绿洲变异的主要因素。近 30 年来，河西走廊人口增加了 378%，绿洲面积扩张了 60%。人口的增加将不可避免地导致生存所需的可耕地的增加。⑦绿洲扩张与可利用水深度的灰色关联度普遍较高，在 0.9 左右。降水和径流等水资源在绿洲空间扩展中起着重要作用。⑧国内生产总值、第一产业、第二产业、第三产业等经济要素之间的灰色关联度约为 0.6，由于农业绿洲涵盖了研究区大部分行政区域，第一产业的灰色关联度显著高于第二、第三产业，农业是其第一驱动力。

绿洲效应在年内呈现冷岛效应和热岛效应双重特性，绿洲冷岛效应占主导地位。在植被生长季，冷岛效应在所有绿洲植被中白天和夜晚都占优势，白天的绿洲效应强度在春、夏、秋 3 个季节为 -5.23℃、-12.81℃和 -4.56℃，夜晚的冷岛效应较弱，分别为 -1.43℃、-3.34℃和 -0.6℃。在冬季，热岛效应占主导地位，除水体和草地外，绿洲在白天和夜间均出现热岛效应，其中绿洲整体热岛效应强度为 0.43℃，夜晚的热岛效应强度为 0.54℃。绿洲在植被生长季绿洲呈现为强烈的冷岛效应，在冬季呈现为较弱的热岛效应。同时，冷岛效应在白天表现得比夜间强很多，而热岛效应白天和夜晚的幅度均相对很小。

随着绿洲面积的扩大，夏季白天的冷岛效应有明显加强的趋势。在过去 34 年间河西绿洲规模从最初的 10 709 km² 扩张到 2020 年的 16 449 km²，扩大了 1.52 倍，平均每年净增加 170 km²。河西绿洲面积和 *OEI* 相关系数平方为 0.85，通过显著性检验。夏季夜晚以及冬季绿洲效应强度没有明显趋势，绿洲面积扩大对其影响微弱。

10.1.3　刻画不同绿洲在日尺度和季节尺度上的绿洲效应特征

以绿洲整体及组成部分的绿洲效应特征为研究内容，分析干旱区绿洲在季节和日尺度的气候效应，并分析绿洲效应产生的生物物理机制。结论如下：①研究区绿洲和荒漠的地表温度呈现单峰变化。荒漠白天的 *LST* 全年变化显著，最低温度为 -5℃，发生在第 28 天（DOY=28），最高温度接近 50℃（DOY=225）。夜间和白天荒漠 *LST* 趋势相似，但温度范围较小。绿洲 *LST* 年际变化和昼夜差异较为适中，整个绿洲日间最大 *LST* 为 40℃，夜间最大 *LST* 为 20℃（DOY=220），日间最小 *LST* 为 -5℃，夜间最小

LST 为 −22℃（DOY=30）。②不同绿洲类型 *LST* 昼夜差异分析表明，耕地日 *LST* 变化最大，其次是草地、灌丛、居民地和水体。③绿洲白天和夜间 *OEI* 最大值分别为 −15℃和 −4℃（DOY=220），*OEI* 最小值分别为 0.5℃和 0.4℃（DOY=30）。④绿洲在春、夏、秋 3 个植被生长季节，白天和晚上呈现出 OCE，夏季白天 *OEI* 高达 13℃，春季和秋季白天 *OEI* 分别为 5.2℃和 4.5℃。夜间的 OCE 与白天有所不同，虽然在相应的季节都有观测到，但强度相对较小，夜间 *OEI* 最高的夏季为 3.3℃，其次是春季和秋季，分别为 1.4℃和 0.6℃。⑤不同绿洲类型的 OCE 变化趋势和绿洲整体基本一致，但是不同的类型 OCE 呈现不同的特点。植被（灌木、草地和农田）的 OCE 特征相似，但 OCE 强度不同，在植被生长季节白天，不同植被的 *OEI* 顺序为农田＞草地＞灌丛，夜间为草地＞农田＞灌丛。⑥绿洲整体在冬季呈现微弱的 OHE，白天和夜晚的 *OEI* 分别为 0.4℃和 0.5℃。除水体外，其余绿洲类型在冬季的白天和夜晚均有观测到 OHE，但 *OEI* 绝对值较小。对于居民点来说，除夏季外其他季节都能观察到 OHE。水体在全年的夜间都出现了较强的 OHE。

10.1.4 研究了地表生物物理参数和能量平衡对绿洲效应的影响

基于遥感产品和地面观测数据，分析了两个重要地表参数地表反照率和蒸散发对绿洲效应的作用及影响，分析不同绿洲地表能量平衡和绿洲效应的关系。研究发现：①绿洲全年反照率均低于沙漠。绿洲植被生长期的反照率约为 20%，比沙漠低 2%。冬季沙漠和绿洲反照率分别达到 27% 和 23%。②整个季节内 *ET* 在各绿洲类型中的分布以及绿洲与荒漠之间的差异呈现单峰形态。在夏季，绿洲的 *ET* 高达 120 kg/（m^2·season），耕地的 *ET* 最高达 160 kg/（m^2·season），其次是草地和灌丛，分别为 107 kg/（m^2·season）和 82 kg/（m^2·season）。而同期沙漠 *ET* 仅为 24 kg/（m^2·season），为绿洲的 1/5。③植被生长期的绿洲在白天引起的 OCE 是由于 ET 造成的巨大的潜在通量赤字远高于太阳辐射盈余，在植被生长期，绿洲的反照率加热作用较弱，而 ET 冷却作用控制了生长季白天的 OEI。相反，在冬季，更为强烈的反照率加热效应可以掩盖 ET 的降温效应。④农田区域 R_n 的季节平均值依次为夏季（479 W/m^2）＞春季（443 W/m^2）＞秋季（314 W/m^2）＞冬季（216 W/m^2），沙漠区域的 R_n 值顺序相同，但数值较绿洲小。夏季，沙漠感热通量峰值达到 241 W/m^2，占 R_n 的 53%，农田中，感热通量为 65 W/m^2，占 R_n 的 13%。耕地的 LE 峰值达到 291 W/m^2，占 R_n 的 62%，沙漠的 LE 峰值为 7.5 W/m^2，仅占 R_n 的 1.5%。从能量平衡的角度剖析造成绿洲效应的主要原因。

ET 是生长季节 OCE 的主要影响因子，反照率是冬季 OHE 的主要影响因子。荒漠和绿洲之间蒸散发之差 ΔET 和反照率 $\Delta Albedo$ 在所有季节均为负值。ΔET 的季节性动态趋势呈单峰形态并且在夏季达到顶峰这一趋势与 OEI 趋势一致。由于积雪和荒漠本身特性，绿洲区反照率在冬季远小于荒漠区，这可以部分解释冬季的 OHE 现象。

在 WRF 高分辨率气象参数模拟中，通过替换新的陆面资料（SRTM 地形、MODIS 土地利用、MODIS NDVI 植被覆盖度和 HWSD 土壤类型资料）和选取合适的参数化方案，提高了 WRF 模拟精度。精度检验结果显示，夏季 10 m 风速、2 m 空气温度，地面气压、潜热和显热的模拟相关系数平方分别为 0.3、0.74、0.94、0.83 和 0.41，均方根误差分别为 1.126 m/s、3.1℃、6.96 hPa、47.7 W/m^2、29 W/m^2。

WRF 模式模拟的水平温度场和湿度场显示了绿洲在夏季强烈的"冷岛"和"湿岛"效应，以及冬季微弱的"热岛"和"湿岛"效应。垂直温度场和湿度场显示绿洲效应的"冷岛""湿岛"效应在地面最强烈，夏季绿洲"冷岛""湿岛"效应均在 1 500 m 高度结束，同样"湿岛"效应在 1 500 m 高度结束。

10.1.5　模拟了绿洲－荒漠系统物质能量流动

选用中尺度天气预报模式 WRF 对河西走廊绿洲－荒漠系统的气象要素进行模拟，得到研究区高空间分辨率和时间分辨率的气象要素。在三维空间对上绿洲－荒漠系统温度场、湿度场、能量场进行描述，分析绿洲－荒漠系统的物质能量流动，从而揭示绿洲形成的机理。

10.1.6　验证了 IBPM 模型对绿洲效应的适用性

将 IBPM 模型作为机理模型应用到绿洲效应中，利用自动气象站和涡动观测站的观测数据分析了 IBPM 模型对绿洲效应的建模能力。结果显示：①反照率强迫在一年四季都为正的，在 1℃左右，其中春节为 0.98℃，夏季为 1.57℃，秋季和冬季分别为 0.53℃ 和 0.69℃。②由波文比造成的负作用远高于反照率的正作用，春季为 -5.8℃，夏季最高达到 -12.2℃，秋季为 -4.2℃，冬季为 0.56℃。由地表通量造成的负效应较小，最大为 -1.2℃。③IBPM 不仅成功地预测了总体绿洲效应的强度，同时还对造成绿洲效应的强迫进行了定量分解，利用该模型可以理解预测地表反射率、波文比或土壤热通量改变而带来的绿洲效应的改变。IBPM 理论较定量地模拟了造成绿洲效应的强迫力：反照率、地面热通量和波文比。总体来看，反照率的正作用力被波文比的负的作用力抵消，土壤热通量贡献了一个很小的负的强迫，综合这 3 个温度强迫值，IBPM 模型很好地预测了绿洲效应强度，同时对各个强迫力的大小进行了定量的分解。

10.2　不足和展望

本书综合运用站点观测、遥感观测和再分析资料等多源数据，利用数学统计、空间分析、模式模拟和数学建模等方法，揭示了干旱区绿洲效应的双重特征和不同绿洲土地覆被的绿洲效应特征，分析了地表反照率差异和蒸散发差异对绿洲效应的影响。最后，基于 IBPM 对反照率、地表通量和波文比对绿洲效应的贡献进行了定量分解，厘清了各关键地表参数对绿洲效应作用。但研究仍存在不足，今后改进和完善的工作集中在以下几个方面：

①本书由于时间和数据的关系，绿洲效应的观测时间较短，没能从长时间序列来进行研究。随着观测数据、遥感产品和再分析资料的积累，从长时间尺度研究绿洲效应是十分必要的工作。

②绿洲特殊的地表性质，形成了绿洲和荒漠之间气象的较大差异。尽管绿洲占干旱区的面积很小（5% 左右），但是绝大多数在干旱区的气象观测站，由于各种原因（历史原因、安装和维护便利性、认识的不足），分布在绿洲内部或者距离绿洲很近。由于绿洲效应的存在，利用分布在绿洲区域内的气象站点分析干旱区气候后带来很大的"误差"，而且这种"误差"是很显著的，同时也存在空间异质性。因此准确评估绿洲效应存在对气象站点代表性的研究，以及利用科学的模型对绿洲气象站点观测资料外推到荒漠区域的研究十分重要，本书由于时间关系没有涉及，下一步研究中将重点开展。

③IBPM 模型可以有效且快速地评估绿洲和荒漠发生变化后的温度差异，同时可以用于研究由于植树造林、退耕还草、农业开发等改变地表生物物理参数活动造成的温度强迫，可以分别从反照率强迫、波文比强迫和土壤通量强迫 3 个方面来进行单一因素或多因素综合分析，拓展了地表生物物理参数改变对气候变化影响研究的方法。目前该方法基于定点观测资料进行了分析，下一步基于遥感数据对模型进行修改，将模型的应用从单点推广到区域，将会大大提高模型的应用。

参 考 文 献

[1] Li X, Yang K, Zhou Y. Progress in the study of oasis-desert interactions [J]. Agricultural and Forest Meteorology, 2016, 230-231: 1-7.

[2] Scanlon B R, Keese K E, Flint A L, et al. Global synthesis of groundwater recharge in semiarid and arid regions [J]. Hydrol Process, 2006, 20(15): 3335-3370.

[3] Bai Y, Feng M, Jiang H, et al. Assessing consistency of five global land cover data sets in China [J]. Remote Sensing, 2014, 6(9): 8739-8759.

[4] Dai A. Drought under global warming: a review [J].Wiley Interdisciplinary Reviews: Climate Change, 2011, 2(1): 45-65.

[5] Huang J, Guan X, Ji F. Enhanced cold-season warming in semi-arid regions [J]. Atmos Chem Phys, 2012, 12(12): 5391-5398.

[6] 赵传燕，南忠仁，程国栋，等 . 统计降尺度对西北地区未来气候变化预估 [J]. 兰州大学学报（自然科学版），2008(5): 12-18, 25.

[7] 符淙斌，马柱国 . 全球变化与区域干旱化 [J]. 大气科学，2008，32(4): 752-760.

[8] Cheng G, Li X, Zhao W, et al. Integrated study of the water-ecosystem-economy in the heihe river basin [J]. Natl Sci Rev, 2014, 1(3): 413-428.

[9] Liu S H, Hu Y, Hu F, et al. Numerical simulation of land-atmosphere interaction and oasis effect over oasis-desert [J]. Chinese J Geophys-Chinese Ed, 2005, 48(5): 1019-1027.

[10] Kai K. Oasis effect observed at zhangye oasis in the hexi corridor, China [J]. Journal of the Meteorological Society of Japan, 1997.

［11］Hao X, Li W. Oasis cold island effect and its influence on air temperature: a case study of tarim basin, northwest China [J]. J Arid Land, 2016, 8(2): 172-183.

［12］Hao X, Li W, Deng H. The oasis effect and summer temperature rise in arid regions - case study in tarim basin [J]. Sci Rep-Uk, 2016, 6: 9.

［13］Bie Q, Xie Y W, Wang X Y, et al. Understanding the attributes of the dual oasis effect in an arid region using remote sensing and observational data [J]. Ecosystem Health and Sustainability, 2020, 6(1): 1-13.

［14］Lee X, Goulden M L, Hollinger D Y, et al. Observed increase in local cooling effect of deforestation at higher latitudes [J]. Nature, 2011, 479: 384.

［15］Zhang M, Luo G, DE maeyer P, et al. Improved atmospheric modelling of the oasis-desert system in central asia using WRF with actual satellite products [J]. Remote Sensing, 2017, 9(12): 1273.

［16］于名召. 空气动力学粗糙度的遥感方法及其在蒸散发计算中的应用研究 [D]. 北京：中国科学院大学（中国科学院遥感与数字地球研究所），2018.

［17］吴小丹. 异质性地表定量遥感产品真实性检验方法研究 [D]. 北京：中国科学院大学（中国科学院遥感与数字地球研究所），2017.

［18］赵天保，陈亮，马柱国. CMIP5 多模式对全球典型干旱半干旱区气候变化的模拟与预估 [J]. 科学通报，2014: 1148-1163.

［19］Huang J, Yu H, Guan X, et al. Accelerated dryland expansion under climate change [J]. Nature Climate Change, 2016, 6(2): 166-171.

［20］Huang J P, Ma J R, Guan X D, et al. Progress in Semi-arid climate change studies in China [J]. Adv Atmos Sci, 2019, 36(9): 922-937.

［21］Deng X Z, Zhao C H, Lin Y Z, et al. Downscaling the Impacts of Large-scale LUCC on surface temperature along with IPCC RCPs：A global perspective [J]. Energies, 2014, 7(4): 2720-2739.

［22］Ming Y, Chen D W, Huang R H, et al. A Dynamic analysis of regional land use and cover changing(LUCC)by remote sensing and GIS-taking fuzhou area as example [J]. Advanced Environmental, Chemical, and Biological Sensing Technologies Vii, 2010, 7673.

［23］蓝永超，康尔泗，仵彦卿，等．气候变化对河西内陆干旱区出山径流的影响 [J]. 冰川冻土，2001，23(3): 276-282.

［24］黄建平，季明霞，刘玉芝，等．干旱半干旱区气候变化研究综述 [J]. 气候变化研究进展，2013，9(1): 9-14.

［25］汤懋苍，江灏，柳艳香，等．全球各类旱区的成因分析 [J]. 中国沙漠，2002，22(1):1-5.

［26］UNEP. World atlas of desertification [J]. Geographical Journal, 1994, 160 (2): 325.

［27］Hulme M. Recent climatic change in the world's drylands [J]. Geophysical Research Letters, 1996, 23(1): 61-64.

［28］钱正安，宋敏红，李万源，等．全球、中蒙干旱区及其部分地区降水分布细节 [J]. 高原气象，2011，30(1): 1-12.

［29］贾宝全，慈龙骏，韩德林，等．干旱区绿洲研究回顾与问题分析 [J]. 地球科学进展，2000(4): 381-388.

［30］Xie Y W, Bie Q, Lu H, et al. spatio-temporal changes of oases in the hexi corridor over the past 30 years [J]. Sustainability, 2018, 10(12).

［31］黄盛璋．研究绿洲、建设绿洲，在中国首先创建世界科学——绿洲学 [J]. 传统文化与现代化，1998(3): 72-81.

［32］黄盛璋．论绿洲研究与绿洲学 [J]. 中国历史地理论丛，1990(2): 1-24.

［33］黄盛璋．初论楼兰国始都楼兰城与 LE 城问题 [J]. 文物，1996(8): 62-72.

［34］黄盛璋．塔里木盆地东缘的早期居民 [J]. 西域研究，1992: 1-14.

［35］李并成．塔里木盆地尼雅古绿洲沙漠化考 [J]. 中国边疆史地研究，2015(2): 158-167，83.

［36］Amuti T, Luo G. Analysis of land cover change and its driving forces in a desert oasis Landscape of Xinjiang, northwest China [J]. Solid Earth,

2014, 5(2): 1071-1085.

[37] Yang A, Sun G. Landsat-based land cover change in the Beijing-Tianjin-Tangshan urban agglomeration in 1990, 2000 and 2010 [J]. ISPRS International Journal of Geo-Information, 2017, 6(3).

[38] Wei W, Xie Y W, Shi P J, et al. Spatial temporal analysis of land Use change in the shiyang river basin in arid China, 1986-2015 [J]. Pol J Environ Stud, 2017, 26(4): 1789-1796.

[39] Li S, Zhao W. Landscape pattern changes of desert oasis wetlands in the middle reach of the heihe river, China [J]. Arid Land Research and Management, 2010, 24(3): 253-262.

[40] Wang Y, Xiao D, Li Y. Temporal-spatial change in soil degradation and its relationship with landscape types in a desert-oasis ecotone: a case study in the Fubei region of Xinjiang province, China [J]. Environmental Geology, 2007, 51(6): 1019-1028.

[41] Wu D, Chen F H, Li K, et al. Effects of climate change and human activity on lake shrinkage in gonghe basin of northeastern tibetan plateau during the past 60 years [J]. J Arid Land, 2016, 8(4): 479-491.

[42] Xie Y, Zhao H, Wang G. Spatio-temporal changes in oases in the heihe river basin of China: 1963-2013 [J]. Écoscience, 2015, 22(1): 33-46.

[43] Xie Y, Gong J, Sun P, et al. Oasis dynamics change and its influence on Landscape pattern on jinta oasis in arid China from 1963a to 2010a: integration of multi-source satellite images [J]. International Journal of Applied Earth Observation and Geoinformation, 2014, 33: 181-191.

[44] Li X Y, Xiao D N, He X Y, et al. Evaluation of Landscape changes and ecological degradation by GIS in arid regions: a case study of the terminal oasis of the shiyang river, northwest China [J]. Environmental Geology, 2007, 52(5): 947-956.

[45] 罗格平，周成虎，陈曦. 干旱区绿洲景观斑块稳定性研究：以三工河流域为例 [J]. 科学通报，2006(S1): 73-80.

［46］Shen Y, Chen Y. Global perspective on hydrology, water balance, and water resources management in arid basins [J]. Hydrol Process, 2010, 24(2): 129-135.

［47］Hao Y, Xie Y, Ma J, et al. The critical role of local policy effects in arid watershed groundwater resources sustainability: A case study in the minqin oasis, China [J]. Sci Total Environ, 2017, 601-602: 1084-1096.

［48］Liu X R, Shen Y J. Quantification of the impacts of climate change and human agricultural activities on oasis water requirements in an arid region: a case study of the heihe river basin, China [J]. Earth Syst Dynam, 2018, 9(1): 211-225.

［49］Zhao W Z, Chang X X, Chang X L, et al. Estimating water consumption based on meta-analysis and MODIS data for an oasis region in northwestern China [J]. Agricultural Water Management, 2018, 208: 478-489.

［50］Xi F Z, Xin J, Xiao B, et al. Impacts of water resource planning on regional water consumption pattern: A case study in dunhuang oasis, China [J]. J Arid Land, 2019, 11(5): 713-728.

［51］Yang G, Li F D, Chen D, et al. Assessment of changes in oasis scale and water management in the arid manas river basin, north western China [J]. Science of the Total Environment, 2019, 691: 506-515.

［52］Mo K, Chen Q, Chen C, et al. Spatiotemporal variation of correlation between vegetation cover and precipitation in an arid mountain-oasis river basin in northwest China [J]. J Hydrol, 2019, 574: 138-147.

［53］Zhang X J, Yuan Z W, Qu C, et al. Palmatine ameliorated murine colitis by suppressing tryptophan metabolism and regulating gut microbiota [J]. Pharmacological Research, 2018, 137: 34-46.

［54］Wang J, Gao Y, Wang S. Land Use/Cover change impacts on water table change over 25 years in a Desert-oasis transition zone of the heihe river basin, China [J]. Water, 2015, 8(1): 11.

［55］Zhang X, Zhang L, He C, et al. Quantifying the impacts of land use/land cover change on groundwater depletion in northwestern China – A case study of the Dunhuang oasis [J]. Agricultural Water Management, 2014, 146: 270-279.

［56］李泽红，董锁成 . 武威绿洲农业开发对民勤绿洲来水量的影响——基于水足迹的视角 [J]. 资源科学，2011(1): 86-91.

［57］徐先英，丁国栋，高志海，等 . 近 50 年民勤绿洲生态环境演变及综合治理对策 [J]. 中国水土保持科学，2006(1): 40-48.

［58］高志海，李增元，魏怀东，等 . 基于遥感的民勤绿洲植被覆盖变化定量监测 [J]. 地理研究，2006(4): 587-595，754.

［59］陈正祥 . 塔里木盆地 [M]. 国立中央大学理科研究所地理学部，1944.

［60］周立三 . 哈密——一个典型的沙漠沃洲 [J]. 地理，1948，6(1).

［61］邓铭江，周海鹰，徐海量，等 . 塔里木河干流上中游丰枯情景下生态水调控研究 [J]. 干旱区研究，2017: 959-966.

［62］冯起，刘蔚，司建华，等 . 塔里木河流域水资源开发利用及其环境效应 [J]. 冰川冻土，2004: 682-690.

［63］崔旺诚 . 塔里木河下游输水后生态效应研究 [D]. 新疆：新疆农业大学，2004.

［64］胡隐樵，左洪超 . 黑河实验（HEIFE）研究获重大成果 [J]. 中国科学院院刊，1996(6): 447-451.

［65］胡隐樵，高由禧 . 黑河实验（HEIFE）——对干旱地区陆面过程的一些新认识 [J]. 气象学报，1994，52(3): 285-296.

［66］胡隐樵 . 黑河实验能量平衡和水汽输送研究进展 [J]. 地球科学进展，1994，9(4): 30-34.

［67］文军，王介民 . 绿洲边缘内外大气中水汽影响辐射传输分析 [J]. 干旱区地理，1998，21(2): 21-28.

［68］文军，王介民 . 绿洲边缘内外近地面辐射收支分析 [J]. 高原气象，1997，16(4): 359-366.

［69］张冠凯 . 中央权力与地域集团 [D]. 南京：南京大学，2018.

［70］唐霞 . 黑河流域人工绿洲时空演变特征及其驱动力 [D]. 北京：中国科

学院大学，2016.

［71］朱震达. 中国北方沙漠化现状及发展趋势 [J]. 中国沙漠，1985(3): 4-12.

［72］朱震达. 面向经济建设是沙漠科研发展的必由之路 [J]. 中国沙漠，1991.

［73］朱震达，刘恕，邸醒民. 我国沙漠研究的历史回顾与若干问题 [J]. 中国沙漠，1984，4(2): 3-7.

［74］刘蔚，王涛，曹生奎，等. 黑河流域土地沙漠化变迁及成因 [J]. 干旱区资源与环境，2009，23(1): 35-43.

［75］刘建丽. 西夏河西经济的开发与历史局限 [J]. 宁夏社会科学，2002(4): 79-83.

［76］Xie Y W, Wang G S, Wang X Q, et al. Assessing the evolution of oases in arid regions by reconstructing their historic spatio-temporal distribution: a case study of the heihe river basin, China [J]. Front Earth Sci-Prc, 2017, 11(4): 629-642.

［77］别强，强文丽，王超，等. 1960—2010 年黑河流域冰川变化的遥感监测 [J]. 冰川冻土，2013，35(3): 574-582.

［78］别强，赵传燕，强文丽，等. 祁连山自然保护区青海云杉林近四十年动态变化分析 [J]. 干旱区资源与环境，2013，27(4): 176-180.

［79］赵传燕，别强，彭焕华. 祁连山北坡青海云杉林生境特征分析 [J]. 地理学报，2010，65(1): 113-121.

［80］Bie Q, He L, Zhao C Y. Monitoring glacier changes of recent 50 years in the upper reaches of heihe river basin based on remotely-sensed data [J]. IOP Conference Series: Earth and Environmental Science, 2014, 17(1): 012138.

［81］Chen Y Y, Niu J, Kang S Z, et al. Effects of irrigation on water and energy balances in the heihe river basin using VIC model under different irrigation scenarios [J]. Science of the Total Environment, 2018, 645: 1183-1193.

[82] Hao Y Y, Xie Y W, Ma J H, et al. The critical role of local policy effects in arid watershed groundwater resources sustainability: A case study in the minqin oasis, China [J]. Science of the Total Environment, 2017, 601: 1084-1096.

[83] 张雪蕾. 气候变化背景下干旱内陆河流域适应性水资源管理研究——以石羊河流域为例 [D]. 兰州：兰州大学，2017.

[84] Turner B L. The sustainability principle in global agendas: implications for understanding land-use/cover change [J]. Geographical Journal, 1997: 133-140.

[85] Zhang B L, Yin L, Zhang S M, et al. Assessment on characteristics of LUCC process based on complex network in modern yellow river delta, shandong province of China [J]. Earth Sci Inform, 2016, 9(1): 83-93.

[86] Chen H, Liang X Y, Li R. Based on a multi-agent system for multi-scale simulation and application of household's LUCC: a case study for mengcha village, mizhi county, shaanxi province [J]. Springerplus, 2013, 2.

[87] Ruelland D, Tribotte A, Puech C, et al. Comparison of methods for LUCC monitoring over 50 years from aerial photographs and satellite images in a sahelian catchment [J]. International Journal of Remote Sensing, 2011, 32(6): 1747-1777.

[88] Deng Y H, Wang S J, Bai X Y, et al. Relationship among land surface temperature and LUCC, NDVI in typical karst area [J]. Sci Rep-Uk, 2018, 8.

[89] Hasselmann F, Csaplovics E, Falconer I, et al. Technological driving forces of LUCC: Conceptualization, quantification, and the example of urban power distribution networks [J]. Land Use Policy, 2010, 27(2): 628-637.

[90] Okin G S, Gillette D A, Herrick J E. Multi-scale controls on and consequences of aeolian processes in landscape change in arid and semi-arid environments [J]. Journal of Arid Environments, 2006, 65(2): 253-275.

[91] Bai J, Chen X, Li L, et al. Quantifying the contributions of agricultural oasis expansion, management practices and climate change to net primary production and evapotranspiration in croplands in arid northwest China [J]. Journal of Arid Environments, 2014, 100: 31–41.

[92] Li B F, Chen Y N, Chen Z S, et al. Trends in runoff versus climate change in typical rivers in the arid region of northwest China [J]. Quat Int, 2012, 282: 87–95.

[93] Kang E S, Cheng G D, Lan Y C, et al. A model for simulating the response of runoff from the mountainous watersheds of inland river basins in the arid area of northwest China to climatic changes [J]. Sci China Ser D, 1999, 42: 52–63.

[94] Ran Y H, Liu J P, Tian F, et al. Mapping mountain torrent hazards in the hexi corridor using an evidential reasoning approach [M]. International Symposium on Earth Observation for One Belt and One Road. Bristol; Iop Publishing Ltd. 2017.

[95] Huang S, Feng Q, Lu Z X, et al. Trend analysis of water poverty index for assessment of water stress and water management polices: A case study in the hexi corridor, China [J]. Sustainability, 2017, 9(5): 17.

[96] Zuo L, Zhang Z, Zhao X, et al. Multitemporal analysis of cropland transition in a climate–sensitive area: a case study of the arid and semiarid region of northwest China [J]. Regional Environmental Change, 2014, 14(1): 75–89.

[97] Zhang X X, Xie Y W. Detecting historical vegetation changes in the dunhuang oasis protected area using landsat images [J]. Sustainability, 2017, 9(10): 13.

[98] King C, Thomas D S G. Monitoring environmental change and degradation in the irrigated oases of the northern sahara [J]. Journal of Arid Environments, 2014, 103: 36–45.

[99] Song W, Zhang Y. Expansion of agricultural oasis in the heihe river

basin of China: patterns, reasons and policy implications [J]. Physics and Chemistry of the Earth, Parts A/B/C, 2015, 89-90: 46-55.

[100] Wei W, Zhao J, Wang X F. Landscape heterogeneity of land use types in shiyang river basin [J]. Shengtaixue Zazhi, 2010, 29(4): 760-765.

[101] Song W, Zhang Y. Expansion of agricultural oasis in the heihe river basin of China: patterns, reasons and policy implications [J]. Phys Chem Earth, 2015, 89-90: 46-55.

[102] Zhou D, Wang X, Shi M. Human driving forces of oasis expansion in northwestern China during the last Decade-A case study of the Heihe River Basin [J]. Land Degradation & Development, 2017, 28(2): 412-420.

[103] Tang F S, Chen X, Luo G P, et al. A contrast of two typical LUCC processes and their driving forces in oases of and areas: A case study of sangong river watershed at the northern foot of tianshan mountains [J]. Sci China Ser D, 2007, 50: 65-75.

[104] Zhang X L, Wu S, Yan X D, et al. A global classification of vegetation based on NDVI, rainfall and temperature [J]. Int J Climatol, 2017, 37(5): 2318-2324.

[105] Kariyeva J, Willem V L. Environmental drivers of NDVI-based vegetation phenology in central asia [J]. Remote Sensing, 2011, 3(2): 203-246.

[106] Li D F, Li C H, Hao F H, et al. Complex vegetation cover classification study of the yellow river basin based on NDVI data [M]. New York: Ieee, 2004.

[107] Liu X P, Hu G H, Chen Y M, et al. High-resolution multi-temporal mapping of global urban land using landsat images based on the google earth engine platform [J]. Remote Sensing of Environment, 2018, 209: 227-239.

[108] Li H X, Xiao P F, Feng X Z, et al. Using land Long-term data records to

map land cover changes in China over 1981-2010 [J]. IEEE J Sel Top Appl Earth Observ Remote Sens, 2017, 10(4): 1372-1389.

［109］Kurita T, Otsu N, Abdelmalek N. Maximum likelihood thresholding based on population mixture models [J]. Pattern Recognition, 1992, 25(10): 1231-1240.

［110］Otsu N. A threshold selection method from Gray-level histograms [J]. IEEE Transactions on Systems Man & Cybernetics, 2007, 9(1): 62-66.

［111］Zhou D C, Luo G P, Lei L U. Processes and trends of the land use change in aksu watershed in the central asia from 1960 to 2008 [J]. J Arid Land, 2010, 2(3): 157-166.

［112］邓振镛，张强，王润元，等．河西内陆河径流对气候变化的响应及其流域适应性水资源管理研究 [Z]. 第 31 届中国气象学会年会 S5 干旱灾害风险评估与防控，2014: 104-113.97a58997a7ce0904ad1bf209 fe884720.

［113］Del T Guerrero F J, Kretzschmar T, Bullock S H. Precipitation and topography modulate vegetation greenness in the mountains of baja california, méxico [J]. Int J Biometeorol, 2019, 63(10): 1425-1435.

［114］Deng Y, Chen X, Chuvieco E, et al. Multi-scale linkages between topographic attributes and vegetation indices in a mountainous landscape [J]. Remote Sensing of Environment, 2007, 111(1): 122-134.

［115］Hwang T, Song C, Vose J M, et al. Topography-mediated controls on local vegetation phenology estimated from MODIS vegetation index [J]. Landscape Ecology, 2011, 26(4): 541-556.

［116］Sohoulande Djebou D C, Singh V P, Frauenfeld O W. Vegetation response to precipitation across the aridity gradient of the southwestern united states [J]. Journal of Arid Environments, 2015, 115: 35-43.

［117］Felton A J, Zavislan Pullaro S, Smith M D. Semiarid ecosystem sensitivity to precipitation extremes: weak evidence for vegetation constraints [J]. Ecology, 2019, 100(2): 12.

［118］ Al Balasmeh O I, Karmaker T. Effect of temperature and precipitation on the vegetation dynamics of high and moderate altitude natural forests in india [J]. J Indian Soc Remote, 2019.

［119］ Peng S, Ding Y, Liu W, et al. 1 km monthly temperature and precipitation dataset for China from 1901 to 2017 [J]. Earth System Science Data, 2019, 11(4): 1931-1946.

［120］ 肖生春，肖洪浪 . 黑河流域绿洲环境演变因素研究 [J]. 中国沙漠，2003，23(4): 385-390.

［121］ 王玉刚，肖笃宁，李彦 . 干旱内流区尾闾绿洲土壤积盐的动态特征 [J]. 中国沙漠，2009，29(4): 604-610.

［122］ 施雅风，沈永平，胡汝骥 . 西北气候由暖干向暖湿转型的信号、影响和前景初步探讨 [J]. 冰川冻土，2002，24(3): 219-226.

［123］ 王建，沈永平，鲁安新，等 . 气候变化对中国西北地区山区融雪径流的影响 [J]. 冰川冻土，2001(1): 30-35.

［124］ Potchter O, Goldman D, Iluz D, et al. The climatic effect of a manmade oasis during winter season in a hyper arid zone: The case of southern Israel [J]. Journal of Arid Environments, 2012, 87: 231-242.

［125］ Xiong Y J, Zhao S H, Yin J, et al. effects of Evapotranspiration on regional land surface temperature in an arid oasis based on thermal remote sensing [J]. Ieee Geosci Remote S, 2016, 13(12): 1885-1889.

［126］ Kotzen B. An investigation of shade under six different tree species of the negev desert towards their potential use for enhancing micro-climatic conditions in landscape architectural development [J]. Journal of Arid Environments, 2003, 55(2): 231-274.

［127］ Brunel J P, Ihab J, Droubi A M, et al. Energy budget and actual evapotranspiration of an arid oasis ecosystem: palmyra(syria)[J]. Agricultural Water Management, 2006, 84(3): 213-220.

［128］ Potchter O, Goldman D, Kadish D, et al. The oasis effect in an extremely hot and arid climate: The case of southern israel [J]. Journal of Arid

Environments, 2008, 72(9): 1721-1733.

［129］Wang H Y, Xie Y W, Wu Y Y. Dynamic analysis of landscape changes in the heihe river basin using remote sensing and GIS [J]. 2010 18th International Conference on Geoinformatics, 2010.

［130］苏从先，胡隐樵，张永丰，等．河西地区绿洲的小气候特征和"冷岛效应" [M]. 1987.

［131］Oke T. Boundary Layer Climates [M]. 1993.

［132］Kai K, Matsuda M, Sato R. Oasis effect observed at zhangye oasis in the hexi corridor, China [J]. Journal of the Meteorological Society of Japan, 1997, 75(6): 1171-1178.

［133］Domroes M, EL-Tantawi A. Recent temporal and spatial temperature changes in egypt [J]. Int J Climatol, 2005, 25(1): 51–63.

［134］Siebert S, Nagieb M, Buerkert A. Climate and irrigation water use of a mountain oasis in northern oman [J]. Agricultural Water Management, 2007, 89(1): 1-14.

［135］高由禧．关于我所开展干旱气候研究的历史 [J]. 高原气象，1989，1989(2): 103-106.

［136］苏从先，胡隐樵．绿洲和湖泊的冷岛效应 [J]. 科学通报，1987，1987(10): 756-758.

［137］Li X, Cheng G, Liu S, et al. Heihe watershed allied telemetry experimental research(Hiwater): Scientific objectives and experimental design [J]. Bulletin of the American Meteorological Society, 2013, 94(8): 1145-1160.

［138］Liu S M, Xu Z W, Wang W Z, et al. A comparison of eddy-covariance and large aperture scintillometer measurements with respect to the energy balance closure problem [J]. Hydrol Earth Syst Sci, 2011, 15(4): 1291-1306.

［139］Ran Y H, Li X, Sun R, et al. Spatial representativeness and uncertainty of eddy covariance carbon flux measurements for upscaling net ecosystem productivity to the grid scale [J]. Agricultural and Forest Meteorology, 2016, 230: 114-127.

[140] 梁晓燕. 基于观测的巴丹吉林沙漠湖泊区"暖岛效应"研究 [D]. 兰州：兰州大学，2016.

[141] 杨丽萍，潘雪萍，刘晶，等. 基于 Landsat 影像的额济纳绿洲地表温度及冷岛效应时空格局研究 [J]. 干旱区资源与环境，2019(2): 116-121.

[142] 杜铭霞，张明军，王圣杰. 新疆典型绿洲冷岛和湿岛效应强度 [J]. 生态学杂志，2015(6): 1523-1531.

[143] 潘竟虎，张伟强. 张掖绿洲冷岛效应时空格局的遥感分析 [J]. 干旱区研究，2010(4): 481-486.

[144] Georgescu M, Moustaoui M, Mahalov A, et al. An alternative explanation of the semiarid urban area "oasis effect" [J]. J Geophys Res-Atmos, 2011, 116: 13.

[145] 文莉娟，吕世华，孟宪红，等. 环境风场对绿洲冷岛效应影响的数值模拟研究 [J]. 中国沙漠，2006(5): 754-758.

[146] 吕世华. 西北干旱区绿洲—沙漠环流形成机理的数值模拟 [Z]. 中国气象学会，气象出版社，2003: 206-209.

[147] 潘林林，陈家宜. 绿洲夜间"冷岛效应"的模拟研究 [J]. 大气科学，1997(1): 40-49.

[148] Wen X H, Lu S H, Jin J M. Integrating remote sensing data with WRF for improved simulations of oasis effects on local weather processes over an arid region in northwestern China [J]. J Hydrometeorol, 2012, 13(2): 573-587.

[149] 杜铭霞，张明军，王圣杰. 新疆典型绿洲冷岛和湿岛效应强度 [J]. 生态学杂志，2015(6): 53-61.

[150] 潘小多，李新，冉有华，等. 下垫面对 WRF 模式模拟黑河流域区域气候精度影响研究 [J]. 高原气象，2012: 657-667.

[151] Yu Y, Pi Y Y, Yu X, et al. Climate change, water resources and sustainable

development in the arid and semi-arid lands of central asia in the past 30 years [J]. J Arid Land, 2019, 11(1): 1-14.

[152] Pan T, Lu D S, Zhang C, et al. Urban Land-cover dynamics in arid China based on High-resolution urban land mapping products [J]. Remote Sensing, 2017, 9(7).

[153] Deng X, Zhao C, Yan H. Systematic modeling of impacts of land Use and land cover changes on regional climate: A review [J]. Adv Meteorol, 2013.

[154] Chen L, Ma Z G, Zhao T B. Modeling and analysis of the potential impacts on regional climate due to vegetation degradation over arid and semi-arid regions of China [J]. Climatic Change, 2017, 144(3): 461-473.

[155] Muro J, Strauch A, Heinemann S, et al. Land surface temperature trends as indicator of land use changes in wetlands [J]. International Journal of Applied Earth Observation and Geoinformation, 2018, 70: 62-71.

[156] Wan Z. New refinements and validation of the collection-6 MODIS land-surface temperature/emissivity product [J]. Remote Sensing of Environment, 2014, 140: 36-45.

[157] Ren Z, Zhu H, Liu X. Spatio-temporal differentiation of land covers on annual scale and its response to climate and topography in arid and semi-arid region [J]. Transactions of the Chinese Society of Agricultural Engineering, 2012, 28(15): 205-214.

[158] Friedl M A, Sulla Menashe D, Tan B, et al. MODIS collection 5 global land cover: Algorithm refinements and characterization of new datasets [J]. Remote Sensing of Environment, 2010, 114(1): 168-182.

[159] Zeng T, Zhang Z X, Zhao X L, et al. Evaluation of the 2010 MODIS collection 5.1 land cover type product over China [J]. Remote Sensing, 2015, 7(2): 1981-2006.

[160] Liu J C, Schaaf C, Strahler A, et al. Validation of moderate resolution imaging spectroradiometer(MODIS)albedo retrieval algorithm:

Dependence of albedo on solar zenith angle [J]. J Geophys Res-Atmos, 2009, 114(D1): 1-11.

[161] Mu Q, Zhao M, Running S W. Improvements to a MODIS global terrestrial evapotranspiration algorithm [J]. Remote Sensing of Environment, 2011, 115(8): 1781-1800.

[162] Schaaf C B, Gao F, Strahler A H, et al. First operational BRDF, albedo nadir reflectance products from MODIS [J]. Remote Sensing of Environment, 2002, 83(1): 135-148.

[163] Yu W P, Ma M G, Li Z L, et al. New scheme for validating Remote-sensing land surface temperature products with station observations [J]. Remote Sensing, 2017, 9(12): 24.

[164] Li H, Sun D L, Yu Y Y, et al. Evaluation of the viirs and MODIS LST products in an arid area of northwest China [J]. Remote Sensing of Environment, 2014, 142: 111-121.

[165] Song Y, Ma M G, Jin L, et al. A revised temporal scaling method to yield better eT Estimates at a regional scale [J]. Remote Sensing, 2015, 7(5): 6433-6453.

[166] Wei Hou S S. Season division and its temporal and spatial variation features of general atmospheric circulation in east asia [J]. Acta Physica Sinica, 2011, 60(10): 109201-112592.

[167] Cao B, Zhang Y, Zhao Y, et al. Influence of the low-level jet on the intensity of the nocturnal oasis cold island effect over northwest China [J]. Theor Appl Climatol, 2020, 139(1): 689-699.

[168] Zhang M, Luo G P, Hamdi R, et al. Numerical simulations of the impacts of mountain on oasis effects in arid central asia [J]. Atmosphere, 2017, 8(11): 21.

[169] Hao X M, Li W H. Oasis cold island effect and its influence on air temperature: a case study of tarim basin, northwest China [J]. J Arid Land, 2016, 8(2): 172-183.

［170］程国栋，肖洪浪，傅伯杰，等．黑河流域生态—水文过程集成研究进展 [J]. 地球科学进展，2014：431-437.

［171］李新，刘绍民，马明国，等．黑河流域生态—水文过程综合遥感观测联合试验总体设计 [J]. 地球科学进展，2012：481-498.

［172］尹剑，欧照凡．基于地表能量平衡的大尺度流域蒸散发遥感估算研究 [J]. 南水北调与水利科技，2019：79-88.

［173］杜红玉．特大型城市"蓝绿空间"冷岛效应及其影响因素研究 [D]. 上海：华东师范大学，2018.

［174］卢冰，王薇，杨扬，等．WRF 中土壤图及参数表的更新对华北夏季预报的影响研究 [J]. 气象学报，2019，77(6): 1028-1040.

［175］Li H D, Zhou Y Y, Wang X, et al. Quantifying urban heat island intensity and its physical mechanism using WRF/UCM [J]. Science of the Total Environment, 2019, 650: 3110-3119.

［176］Vahmani P, Ban Weiss G A. Impact of remotely sensed albedo and vegetation fraction on simulation of urban climate in WRF-urban canopy model: A case study of the urban heat island in Los angeles [J]. J Geophys Res-Atmos, 2016, 121(4): 1511-1531.

［177］Sellers P J, Bounoua L, Collatz G J, et al. Comparison of radiative and physiological effects of doubled atmospheric CO_2 on climate [J]. Science, 1996, 271(5254): 1402-1406.

［178］文小航，吕世华，尚伦宇，等．WRF 模式对金塔绿洲—戈壁辐射收支的模拟研究 [J]. 太阳能学报，2011(3): 346-353.

［179］文小航，吕世华，孟宪红，等．WRF 模式对金塔绿洲效应的数值模拟 [J]. 高原气象，2010(5): 1163-1173.

［180］王腾蛟，张镭，胡向军，等．WRF 模式对黄土高原丘陵地形条件下夏季边界层结构的数值模拟 [J]. 高原气象，2013(5): 1261-1271.

［181］王腾蛟，张镭，胡向军，等．WRF 模拟黄土高原丘陵地形条件下夏季边界层结构 [Z]. 中国气象学会，2012: 74-89.

［182］何建军，余晔，陈晋北，等．植被覆盖度数据对 WRF 模拟兰州地

区气象场的影响研究 [Z]. 中国气象学会, 2011: 141-154.

[183] 郑中, 祁元, 潘小多, 等. 基于 WRF 模式数据和 CASA 模型的青海湖流域草地 NPP 估算研究 [J]. 冰川冻土, 2013: 465-474.

[184] 李慧婷. 天山北麓土地覆被景观变化对区域气温影响的模拟研究 [D]. 石河子: 石河子大学, 2016.

[185] 王蓉, 张强, 岳平, 等. 大气边界层数值模拟研究与未来展望 [J]. 地球科学进展, 2020, 35(4): 331-349.

[186] 赵舒曼. 干旱半干旱区农田地膜下垫面天气效应的数值模拟 [D]. 兰州: 兰州大学, 2017.

[187] 张铁军. 典型风电场的风场数值预报能力改进及应用系统开发研究 [D]. 兰州: 兰州大学, 2020.

[188] 王雅萍, 张武, 黄晨然. 气候动力降尺度方法在复杂下垫面的应用研究 [J]. 兰州大学学报（自然科学版）, 2015, 51(4): 517-525.

[189] 管晓丹, 程善俊, 郭瑞霞, 等. 干旱半干旱区土壤湿度数值模拟研究进展 [J]. 干旱气象, 2014, 32(1): 135-141.

[190] 谭子渊. 中国西北干旱半干旱区边界层高度特征及其对沙尘天气影响的数值模拟研究 [D]. 兰州: 兰州大学, 2019.

[191] 陈磊. 中国西北干旱半干旱区上空水汽收支和传输的数值模拟研究 [D]. 兰州: 兰州大学, 2008.

[192] Ye C M, Chen R, Li Y, et al. Characterization of combined effects of urban Built-up and vegetated areas on Long-term urban heat islands in Beijing [J]. Can J Remote Sens, 2019, 45(5): 634-649.

[193] Yao R, Wang L C, Huang X, et al. Greening in rural areas increases the surface urban heat island intensity [J]. Geophys Res Lett, 2019, 46(4): 2204-2212.

[194] Zhou W, Qian Y, Li X, et al. Relationships between land cover and the surface urban heat island: seasonal variability and effects of spatial and thematic resolution of land cover data on predicting land surface temperatures [J]. Landscape Ecology, 2014, 29(1): 153-167.

[195] Sandholt I, Rasmussen K, Andersen J. A simple interpretation of the surface temperature/vegetation index space for assessment of surface moisture status [J]. Remote Sensing of Environment, 2002, 79(2): 213-224.

[196] Goward S N, Hope A S. Evapotranspiration from combined reflected solar and emitted terrestrial radiation: Preliminary FIFE results from AVHRR data [J]. Advances in Space Research, 1989, 9(7): 239-249.

[197] Friedl M A. Forward and inverse modeling of land surface energy balance using surface temperature measurements [J]. Remote Sensing of Environment, 2002, 79(2): 344-354.

[198] Quattrochi D A, Ridd M K. Analysis of vegetation within a semi-arid urban environment using high spatial resolution airborne thermal infrared remote sensing data [J]. Atmospheric Environment, 1998, 32(1): 19-33.

[199] Larson R C, Carnahan W H. The influence of surface characteristics on urban radiant temperatures [J]. Geocarto International, 1997, 12(3): 5-16.

[200] Jia J H, Zhao W Z, Li S B. Regional evapotranspiration rate of oasis and surrounding desert [J]. Hydrol Process, 2013, 27(24): 3409-3414.

[201] Zhang C X, Hamilton K, Wang Y Q. Monitoring and projecting snow on Hawaii Island [J]. Earth Future, 2017, 5(5): 436-448.

[202] Davin E L, Nobletducoudré N D. Climatic impact of global-scale deforestation: radiative versus nonradiative processes [J]. J Clim, 2010, 23(1): 97.

[203] Bourque C P A, Mir M A. Seasonal snow cover in the qilian mountains of northwest China: Its dependence on oasis seasonal evolution and lowland production of water vapour [J]. J Hydrol, 2012, 454: 141-151.

[204] Anttila K, Manninen T, Jaaskelainen E, et al. The role of climate and land Use in the changes in surface albedo prior to snow melt and the timing of melt season of seasonal snow in northern land areas of 40 degrees N-80 degrees N during 1982-2015 [J]. Remote Sensing, 2018, 10(10).

［205］Davin E L, De Noblet Ducoudre N. Climatic impact of global-scale deforestation: radiative versus nonradiative processes [J]. J Clim, 2010, 23(1): 97-112.

［206］Bala G, Caldeira K, Wickett M, et al. Combined climate and carbon-cycle effects of large-scale deforestation(vol. 104, pg 6550, 2007)[J]. Proceedings of the National Academy of Sciences of the United States of America, 2007, 104(23): 9911.

［207］Juang J Y, Katul G, Siqueira M, et al. Separating the effects of albedo from eco-physiological changes on surface temperature along a successional chronosequence in the southeastern united states [J]. Geophys Res Lett, 2007, 34(21): 5.

［208］Luyssaert S, Jammet M, Stoy P C, et al. Land management and land-cover change have impacts of similar magnitude on surface temperature [J]. Nature Climate Change, 2014, 4(5): 389-393.

［209］Zhao L, Lee X, Smith R B, et al. Strong contributions of local background climate to urban heat islands [J]. Nature, 2014, 511(7508): 216-219.

［210］Wang L, Lee X, Schultz N, et al. Response of surface temperature to afforestation in the kubuqi desert, inner mongolia [J]. Journal of Geophysical Research: Atmospheres, 2018, 123(2): 948-964.

［211］Shu Shi P, Shilong P, Zhenzhong Z, et al. Afforestation in China cools local land surface temperature [J]. Proceedings of the National Academy of Science, 2014, 111(8): 2915-2919.